沁 县
耕地地力评价与利用

安广茂 主编

中国农业出版社

内容简介

　　本书是对山西省沁县耕地地力调查与评价成果的集中反映，是在充分应用"3S"技术进行耕地地力调查并应用模糊数学方法进行成果评价的基础上，对沁县耕地资源的历史、现状及存在问题进行了分析、探讨，并应用大量调查分析数据对沁县耕地地力、中低产田地力状况等做了深入细致的分析，揭示了沁县耕地资源的本质及目前存在的问题，提出了耕地资源合理改良利用意见，为各级农业科技工作者、各级农业决策者制订农业发展规划，调整农业产业结构，加快绿色、无公害农产品基地建设步伐，保证粮食生产安全，科学施肥，退耕还林还草，进行节水农业、生态农业及农业现代化、信息化建设提供了科学依据。

　　本书共六章。第一章：自然与农业生产概况；第二章：耕地地力调查与质量评价的内容与方法；第三章：耕地土壤属性；第四章：耕地地力评价；第五章：中低产田类型分布及改良利用；第六章：耕地地力调查与质量评价的应用研究。

　　本书适宜农业、土肥科技工作者及从事农业技术推广与农业生产管理的人员阅读。

编写人员名单

主　　编：安广茂

副 主 编：康　宇　张志强

编写人员（按姓名笔画排序）：

王书梅　王河河　王瑞泽　任焕珍

闫巧凤　李在中　陈冬冬　陈爱凤

秦木英　霍高宏

农业是国民经济的基础，农业发展是国计民生的大事。为适应我国农业发展的需要，确保粮食安全和增强我国农产品竞争的能力，促进农业结构战略性调整和优质、高产、高效、安全、生态农业的发展，针对当前我国耕地土壤存在的突出问题，在农业部精心组织和部署下，2009年沁县被确定为国家级测土配方施肥补贴项目县。根据《全国测土配方施肥技术规范》积极开展测土配方施肥工作，同时认真实施耕地地力调查与评价。在山西省土壤肥料工作站、山西农业大学资源环境学院、长治市土壤肥料工作站、沁县农业委员会广大科技人员的共同努力下，2012年完成了沁县耕地地力调查与评价工作。通过耕地地力调查与评价工作的开展，摸清了沁县耕地地力状况，查清了影响当地农业生产持续发展的主要制约因素，建立了沁县耕地地力评价体系，提出了沁县耕地资源合理配置及耕地适宜种植、科学施肥及土壤退化修复的意见和方法，初步构建了沁县耕地资源信息管理系统。这些成果为全面提高沁县农业生产水平，实现耕地质量计算机动态监控管理，适时提供辖区内各个耕地基础管理单元土、肥、水、气、热状况及调节措施提供了基础数据平台和管理依据。同时，也为各级农业决策者制订农业发展规划、调整农业产业结构、加快有机生产基地建设步伐、保证粮食安全及促进农业现代化建设提供了第一手科学资料和最直接的科学依据，也为今后大面积开展耕地地力调查与评价工作，实施耕地综合生产能力建设，发展旱作节水农业、测土配方施肥及其他农业新技术普及工作提供了技术支撑。

　　该书系统地介绍了耕地资源评价的方法与内容，应用大量的调查分析资料，分析研究了沁县耕地资源的利用现状及问题，提出了合理利用的对策和建议。该书集理论指导性和实际应用性为一体，是一本值得推荐的实用技术读物。我相信，该书的出版将对沁县耕地的培肥和保养、耕地资源的合理配置、农业结构调整及提高农业综合生产能力起到积极的促进作用。

2013 年 3 月

耕地是人类获取粮食及其他农产品最重要、不可替代、不可再生的资源，是人类赖以生存和发展的最基本的物质基础，是农业发展必不可少的根本保障。新中国成立以来，山西省沁县先后开展了两次土壤普查。两次土壤普查工作的开展，为沁县国土资源的综合利用、施肥制度改革、粮食生产安全做了重大贡献。近年来，随着农村经济体制的改革以及人口、资源、环境与经济发展矛盾的日益突出，农业种植结构、耕作制度、作物品种、产量水平，肥料、农药使用等方面均发生了巨大变化，产生了诸多如耕地数量锐减、土壤退化污染、水土流失等问题。针对这些问题，开展耕地地力评价工作是非常及时、必要和有意义的。特别是对耕地资源合理配置、农业结构调整、保证粮食安全、实现农业可持续发展有着非常重要的意义。

沁县耕地地力评价工作，从 2009 年 5 月开始到 2012 年 10 月结束，完成了沁县 6 镇 7 乡 306 个行政村的 59.9 万亩耕地的调查与评价任务。3 年共采集土样 4 300 个，并调查访问了 300 个农户的农业生产、土壤生产性能、农田施肥水平等情况；认真填写了采样地块登记表和农户调查表，完成了 4 300 个样品常规化验、中微量元素分析化验、数据分析和收集数据的计算机录入工作；基本查清了沁县耕地地力、土壤养分、土壤障碍因素状况，划定了沁县农产品种植区域；建立了较为完善的、可操作性强的、科技含量高的沁县耕地地力评价体系，并充分应用 GIS、GPS 技术初步构筑了沁县耕地资源信息管理系统；提出了沁县耕地保护、地力培肥、耕地适宜种植、科学施肥及土壤退化修复办法等。收集资料之广泛、调查数据之系统、内容之全面是前所未有的。这些成果为全面提高农业工作的管理水平，实现耕地质量计算机动态监控管理，适时提供辖区内各个耕地基础管理单元土、水、肥、气、热状况及调节措施提供了基础数据平台和管理依据。同时，也为各级农业决策者制订农业发展规划、调整农业产业结构、加快绿色食品基地建设步伐、保证粮食生产安全、进行耕地资源合理改良利用、科学施肥以及退耕还林还草、节水农业、生态农业、农业现代化建设提供了第一手科学资料和最直接的科学依据。

为了将调查与评价成果尽快应用于农业生产，在全面总结沁县耕地地力评价成果的基础上，引用大量成果应用实例和第二次土壤普查、土地详查有关资料，编写了本书。本书首次比较全面系统地阐述了沁县耕地资源类型、分布、地理与质量基础、利用状况、改善措施等，并将近年来农业推广工作中的大量成果资料录入其中，从而增加了本书的可读性和可操作性。

在本书编写的过程中，承蒙山西省土壤肥料工作站、山西农业大学资源环境学院、长治市土壤肥料工作站、沁县农业委员会技术人员的热忱帮助和支持，特别是沁县农业委员会的工作人员在土样采集、农户调查、数据库建设等方面做了大量的工作。沁县人民政府副县长郭建宇、农业委员会主任魏树伟安排部署了本书的编写工作；农业委员会副主任、党总支书记李宏祖，农技推广中心党支部书记安广茂具体负责；参加编写工作的有张志强、霍高宏、王瑞泽、陈冬冬、陈爱凤、王书梅、任焕珍、王河河、秦木英、闫巧凤、李在中；参与野外调查、土壤分析化验和数据处理的工作人员有魏永宏、王瑞泽、陈冬冬、李在中、任焕珍、王河河、郝云伟、李俊文、申幸福、魏跃春、冀丽花、王小焕、常悦、常建平、陈爱凤及13个乡（镇）农业技术员；图形矢量化、土壤养分图、数据库和地力评价工作由山西农业大学资源环境学院和山西省土壤肥料工作站完成；野外调查、室内数据汇总、图文资料收集和文字编写工作由沁县农业委员会土壤肥料工作站完成，在此一并致谢。

编　者

2013 年 3 月

目 录

第一章 自然与农业生产概况

第一节 地理环境

沁县位于长治市北部，处太行、太岳两山之间。东接襄垣、武乡，南邻屯留，西部与沁源毗邻，北部与武乡及晋中市的平遥接壤。春秋时期为铜鞮邑，秦为铜鞮县，北魏时属并州乡郡，隋唐属上党郡，宋初建成威胜军，元初称沁州，民国初年废州改县，至今一直是一个以种植业为主的典型农业县。地理位置在北纬 36°26′～36°59′，东经 112°28′～112°54′。沁县境界似长方形，南北长 54 千米，东西长 23 千米，总面积 1 315 千米^2。

全境地貌景观，形态多样复杂，四周隆起，南有缺口，中间低平，伴有土丘。地势西北高于东，南低于北。最高处为郭村镇的棋盘山峰，海拔 1 748 米，最低处为新店镇南池村二神口，海拔 916 米，相对高差 832 米。县城位于境内中部，平均海拔 956 米。西部太岳山自北向南延伸，纵跨沁县 100 余华里，林木青翠，牧坡辽阔。东部檀山一带为丘陵山区，沟壑纵横，林粮间作。北部华山奇峰突起，树木成林，与南部之瓮城山遥相挺立。中部沿漳河两岸新旧 208 国道沿线形成略似 H 形的河谷阶地和以沁州盆地为主的丘间盆地。

沁县境内水资源极其丰富，主要河流有漳河、庶纪河、段柳河、徐阳河、迎春河、圪芦河、白玉河、涅水河 8 条，呈井字形分布，地表水年径流量为 1.316 亿米^3，并建有圪芦河、月岭山两座中型水库和 11 座小型水库。沁县是山西乃至华北地区少有的富水县。

沁县境内交通便利，国道 208 线和太焦铁路纵贯南北，省道南沁线和二沁铁路横贯东西，县乡公路相互连接，乡村道路径直贯通。

改革开放以来，沁县农业发生了翻天覆地的变化，特别是近年来，沁县县委、县政府依托本县水土优势，深入挖掘本县内在潜力，提出了建设"北方水城 中国沁州"的宏伟目标。农业方面，以土为根，全力打造全国一流有机食品农业生态县，时下的沁县正以前所未有的激情与豪迈向更加美好的未来奋勇前进。

第二节 自然气候与水文地质

一、气候条件

沁县属暖温带半干旱、半湿润大陆性季风气候，气候温和，四季分明。

1. 气温 年平均气温 9.1℃，1 月最冷，平均气温－6.9℃，极端最低气温－27.1℃（1971 年 1 月 22 日）；7 月最热，平均气温为 22.3℃，极端最高气温为 35.7℃（1966 年 6 月 21 日）。1～7 月气温逐渐上升，7～12 月气温逐渐下降。

气温的日变化比较明显。据 1981—2012 年沁县气象资料分析，年均日较差 13℃，1 月、5 月最大，平均日较差分别为 16.9℃、15.0℃；7 月、8 月最小，平均日较差分别为

9.6℃、9.9℃，年平均稳定通过≥10℃的活动积温为 3 208℃，平均初日为 4 月 20 日，平均终日为 10 月 9 日，通过天数为 197 天，平均无霜期为 167 天，初霜冻日为 9 月 29 日，终霜冻日为 4 月 26 日。

2. 日照 年平均日照时数为 2 311.5 小时，日照百分率为 52％。全年气温＞0℃的日照时数平均为 2 066.0 小时，占全年总日照时数的 93％。在一年当中，日照时数最多的是 5 月、6 月，最少的是 2 月和 11 月。

3. 土壤温度 土壤温度的逐月分布和气温分布大体相似。1 月最低为－8.6℃，7 月最高为 28.5℃（指 10 厘米深土壤温度），年平均土温 11.1℃。0～20 厘米土壤中的温度变化：2 月和 9 月上下土层温度相差不大，4～7 月上层高于下层，11 月至翌年 1 月下层高于上层。

4. 降水量 年平均降水量为 557.5 毫米，四季分布不均。春季（3～5 月）的降水量占全年降水量的 15％；夏季（6～8 月）的降水量占全年降水量的 62％；秋季（9～11 月）的降水量占全年降水量的 20％；冬季（12 月至翌年 2 月）的降水量占全年降水量的 3％。其中降水时间集中在 6～9 这 4 个月，7～8 月降水量最多，占全年降水量的 49％，12 月至翌年 2 月降水量最少。

年际间降水量变化也比较大，降水量最高年份为 2003 年，降水量 936.9 毫米；降水量最低的年份为 2008 年，降水量 359.6 毫米。

5. 蒸发量 沁县自然气候显著特点之一就是蒸发量大于降水量。据 1957—2012 年气象资料统计分析，年平均蒸发量为 1 432.2 毫米，其中 5～6 月蒸发量最大，占全年蒸发量的 36％，12 月、1 月蒸发量最小。

6. 相对湿度 由于气温、降水和地面蒸发的变化，年与年之间的相对湿度有区别，一年之内各月的相对湿度也有明显的最低点和最高点。据 1971—2000 年气象资料分析，相对湿度平均为 64％，最高年份为 2005 年，相对湿度 68％，最低年份为 2001 年，相对湿度 61％。一年内，5 月相对湿度最低，为 36％；8 月最高，为 83％。

二、水文条件

沁县水资源比较丰富，是浊漳河西源，沁县地表水域面积 2.4 万亩*，水资源总量为 1.766 亿米³，地表水径流量 1.316 亿米³，地下水储量 4 500 万吨，有较大河流 8 条，中小型水库 13 座，泉水 270 多处。但由于种种原因，水资源利用率极低，只有极少部分用来灌溉土壤。在河流经过的地方，都不同程度地产生侧渗现象，直接影响着河流两岸土壤的形成发育。在地带性土壤土体中，淋渗作用的强弱与水有很大关系。高海拔山区的阴坡地带由于蒸发量小，土壤含水量大，淋渗作用就强；反之，低山丘陵地带水土流失严重，土体长时间干燥，淋渗作用就弱。水位高的地下水，与土壤关系更为密切，浊漳河及其支流两岸的河漫滩、一级阶地地下水位大部分在 2 米以内，地下水直接参与草甸土（即潮土）的成土过程。山地、丘陵的地下水位较深与土壤的形成关系不大。

＊ 亩为非法定计量单位，1 亩＝1/15 公顷。

三、土壤成土母质

沁县成土母质主要有以下几种。

1. 残积物　残积物是岩石风化后未经搬运的风化物，一般出现在石质山较平缓的上部，其特点是：土层薄，质地粗，通体含有母岩半风化物，母岩层明显。

2. 坡积物　坡积物是高处的岩石风化物和黄土等其他物质在重力和斜坡流水的作用下，顺坡而下堆积在局部低洼处的物质。其特点是：土质较厚，粗细混存，通透性良好，土体上层物质往往与下层基岩不一致。

3. 洪积物　洪积物即洪水冲刷搬运而堆积。多数分布于大沟及山间谷地，其特点是：泥沙混合堆积，土体发育层次不明显，质地偏沙，并含有一定数量的砾石，是形成沟淤土壤的主要母质。

4. 红土母质　红土母质即第三纪保德红土。一般出露在深切割沟沟底，其特点是：颜色鲜红，质地黏着呈块状结构，土层深厚，结构面上有铁锰胶膜，无石灰反应，通透性差，保水性强，盐基含量低，呈微酸性反应。

5. 红黄土母质　红黄土母质包括第四纪午城黄土和离石黄土。一般出露在沟谷、断崖和侵蚀比较严重的丘陵地带，离石黄土位于午城黄土上层。其特点是：颜色微红、土层深厚、质地细而均匀，多为中—重壤，有互层红色条带和料姜，碳酸钙含量较黄土低，呈微碱性反应。

6. 黄土母质　黄土母质即第四纪马兰黄土，位于离石黄土上层，常形成梁、峁和陡坎状地形。其特点是：土层深厚、颜色浅黄、疏松多孔、土体质地均匀，多为轻—中壤，呈柱状结构，富含碳酸钙，呈微碱性反应。

7. 黄土状物质　黄土状物质主要分布于河流两岸的二级阶地和沁州盆地，是由黄土及其他物质经侵蚀搬运后堆积形成的。其特点是：混合母质，具有岩石风化物及黄土、红黄土、红土等远距离的沉积物。

8. 近代沉积物　近代沉积物是河水在流动过程中夹带的泥沙沉积而成，大致分布在河漫滩和一级阶地上。其特点是：具有明显的成层性，即沙、壤、黏、石交错排列，成分复杂，多形成草甸土（即潮土）。

四、自然植被

自然植被由于受地形、气候、土壤和人为活动的影响而变化较大，截至2011年年底，沁县林草覆盖面积95万亩，占沁县总面积的47.5%，其中林木植被面积85万亩，草灌植被面积10万亩。依据植被对土壤的作用，沁县大致分为3种植被类型。

1. 乔木植物类型　乔木绿色植物包括针叶林和阔叶林，分布在沁县西部、北部、西南部海拔1 100米以上的中、低山区。针叶林树种有油松、侧柏、桧柏、华北落叶松等，以油松最多；阔叶林树种有杨树、刺槐、白榆、楸树、柳树、国槐、椿树等，以刺槐和杨树为最多。

2. 草灌植物类型 草灌植物包括草本植物和灌木植物两大类，主要分布在沁县低山、丘陵区。灌木植物主要有醋柳、马茹茹、红酸刺、荆条、酸枣等，同灌木植物混生的草本植物主要有白羊草、艾蒿、胡枝子、黄背、百里香等。

3. 草甸植物类型 草甸植物属喜湿性植物，主要分布在沁县土体含水量比较大的河谷低洼地带。沁县草甸植物主要有披碱草、车前、芦苇、蒲草等。

第三节 农业经济

一、社会经济概况

1. 行政区划、人口 沁县辖 6 镇 7 乡，306 个行政村，总人口 17.3 万。其中，农业人口 136 929 人，占本县总人口的 79%，人口密度为每平方公里 76.5 人。

2. 农业产值 据 2011 年统计资料显示，沁县农业总产值为 58 754 万元。其中，种植业产值 47 071 万元，占总产值的 80%；林业产值 2 828 万元，占总产值的 4.8%；牧业产值 7 122 万元，占总产值的 12.1%；其他产值 1 733 万元，占总产值的 3%。沁县农民人均纯收入 3 306 元（2011 年统计资料）。

二、农业生产

（一）农业发展史

沁县是传统农业大县，农业历来是沁县的主导产业。新中国成立前后沁县农业始终处于自给自足的自然经济，农业基础薄弱，生产能力低下，抵御自然灾害的能力不强；改革开放后，随着家庭承包经营的确立、各项农业改革政策的实施，农业生产力逐步得到解放和提高，初步实现了由传统农业向现代农业的转型。

1. 耕地 沁县历来重视基本农田保护，始终严格执行保护耕地的基本国策，在保证绿化、村镇建设、交通道路建设、工业建设用地需求的条件下，采取多种措施保持土地利用和开发的基本平衡，确保了农业用地的动态稳定，使耕地保有量基本保持在 60 万亩左右，同时加强了耕地生产能力建设。

2. 劳力 改革开放以前沁县劳动力以务农为主，农业劳动力占本县劳动力的 90% 以上，改革开放以来，随着农业现代化、城镇化的加快，劳动力逐步向城市及二、三产业转移，从事农业的劳动力比例在逐年下降，全年从事农业劳动时间也在逐步减少，目前专业从事农业的劳动力比例占 40%，兼职从事农业的劳动力比例占 35%，完全从事其他产业的劳动力比例占 25%。

3. 农机具 改革开放以来，沁县在农机具使用方面，已经从过去的畜力耕作逐步发展到目前的从整地、施肥、播种到收获全程的、适应不同立地条件作业的多样化现代农业机械。同时适应不同生产需求的新型农业生产设施被广泛利用，包括地膜、拱棚、大棚、温室、病虫防治、水利灌溉、环境监测和控制等，这些设施的充分利用，极大地提高了沁县农业的机械化装备水平，极大地改善了农业生产条件，提高了抵御自然灾害的能力。实施农机具购置补贴政策以来，农机具的更新升级换代呈加快趋势。

4. 农产品结构　沁县主要农产品有玉米、谷子、高粱、豆类、小麦、蔬菜，其中玉米、谷子占较大比重。20 世纪 80 年代以来，随着沁县农村经营管理体制的改革，化肥从无到有，逐步全面普及使用，农作物优良品种的培育、引进、试验、推广使作物产量得以逐步提高。20 世纪 90 年代中后期，小麦在沁县粮食作物中比重显著降低，不足 3%；谷子作为沁县优势农产品不断发展壮大，成为带动农民增收、推动县域经济发展的"一县一业"特色产业。设施蔬菜作为新型产业，近年来实现了突破性发展，达到 3.5 万亩。各具特色的"一村一品"专业村，农民专业合作社不断涌现。农产品生产加工由过去的小作坊逐步向规模化的企业或企业集团转变，产品由简单初加工向深加工综合开发方面发展，实现系列化、品牌化、市场化、高端化。目前具有带动产业发展的龙头企业有：山西沁州黄小米（集团）有限公司、山西檀山黄小米基地有限公司、山西唯思可达天然饮业有限公司、山西万里香食品开发有限公司、沁县葆源农牧发展有限公司、山西康禾农业有限公司、沁县龙飞农业发展有限公司、沁州绿农林牧有限公司、沁州醋业有限公司、沁县海州兔业有限公司等。

5. 施肥和农药　沁县农业生产在改革开放以前以施用农家肥为主，自 20 世纪 80 年代后期以来，各种化学肥料逐步应用于农作物生产之中。肥料类型由单质肥料发展到二元复合肥到现在的多元素复合肥、微肥、有机生物肥料，温室使用的还有二氧化碳肥料等。施用方法有基肥、底肥、追肥、叶面喷施和拌种等。目前，农药也广泛应用于生产领域，在病虫草防治方面采取化学、物理、生物、农业、生态等多种措施。近年来，随着畜牧业的大发展，沼气工程、秸秆还田技术大力推广，基本实现了作物秸秆和牲畜排泄物的综合利用，减少了农业面源污染，推动了农业生产方式的转变。

6. 农田灌溉　在充分利用现有水资源大水漫灌的同时，积极兴建其他形式的农田水利工程，开凿深机井、铺设地下输水管道，实现了灌溉方式的转变，水资源利用率明显提高。

（二）农业发展现状

作物布局及产量水平。沁县现有耕地 59.9 万亩（全国第二次耕地调查），占国土面积的 30.1%，每个农业人口平均拥有耕地 4.37 亩。据 2011 年统计资料显示，沁县农作物总种植面积为 38.99 万亩。其中，粮食作物种植 37.5 万亩，占总耕地面积的 62.6%，粮食作物以玉米、谷子、高粱、大豆、小麦为主。

经过 30 多年的发展，沁县农业逐步走出了一条依托自身优势，实现县域经济转型跨越发展的路子，形成了围绕玉米、沁州黄谷子、设施蔬菜、核桃经济林、规模养殖加休养农业在内的种养加观光现代农业产业体系，基地、农业专业合作社、龙头企业，各具规模、紧密相连；集博士工作站、县乡村科技服务站、科技示范户为一体的多层次科技支撑服务体系正在展开。自 2010 年开始，着力依托沁县独特的水土资源优势，沁县全力创建国家有机农产品认证示范县，有机产品认证迈出重大步伐，认证企业达到 11 个，认证产品 45 个，认证面积 1.6 万亩，产量 7 500 吨。

1. 农业科技方面　引进和组织博士工作站，积极开展高端科技成果研发、推广，同时加强基层农技推广服务体系建设，大力培养各级各类科技人才，全面开展新品种、新技术的引进、试验、示范、推广和指导服务。

2. 产业建设方面 全力开展"一县一业"建设，依托科技创新，培养有机产业基地，积极培育龙头企业，着力推进基地建设和产品的深加工及综合开发。

3. 人才队伍建设方面 开展大规模的培训，多形式、多层次培养各类专业技术人才，培养经纪人、科技示范户、农艺工。大力实施农民创业培训工程，提高农民的创新能力和科技致富能力，开展新型职业农民教育。

4. 农业基础建设方面 积极实施新增粮食产能、测土配方施肥、中低产田改造和农业综合开发项目，改善农业生产条件，增强抵御自然灾害的能力。

5. 农业安全生产方面 建立健全沁县农产品质量安全监管机构，推广绿色防控技术，建设农产品质量检验检测站，定期开展产品的检测。

当前，沁县农业发展已站在新的历史起点上，有机农业建设为沁县突破资源制约实现经济跨越发展带来了新的历史机遇。

第四节 耕地利用与保养管理

一、主要耕作方式及影响

（一）间作套种、条田带种

沁县传统的耕作制度以一年一熟为主，少数为二年三熟，是典型的雨养农业区。沁县耕作方式主要有小麦、玉米两茬套种；两粮一油套种；小麦、玉米、大豆三茬套种；玉米套种早熟马铃薯；谷子、高粱套种，玉米套种大豆；玉米、大豆间作；玉米、花生间作，并由此开始逐步发展到粮与菜、粮与粮套种。不仅提高了作物的光合作用，增强了养分积累，而且改善了作物通风条件，边行优势得到了充分发挥。

（二）轮作倒茬

沁县轮作倒茬制历史悠久，形成了一套较为合理的种植规律。秋作物的倒茬方法：第一年种豆，第二年种谷，第三年种高粱或玉米。在秋作物种植上，玉米和高粱可以重茬种植，谷子不宜重茬；豆子则被农民视为土壤调节剂，是增加土壤肥力的作物，豆类可同任何作物轮作倒茬。

二、耕地利用现状

据2010年统计部门资料显示，沁县农作物总播种面积38.27万亩，粮食播种面积为36.44万亩，总产量为141 998.2吨。其中，玉米面积为26.05万亩，总产120 747.5吨；谷子面积为4.96万亩，总产10 995.4吨；大豆面积为0.89万亩，总产1 129吨；小麦面积为2.38万亩，总产4 041.6吨；高粱面积1.14万亩，总产5 084.7吨；蔬菜面积1.02万亩，总产19 816.5吨。

三、肥料施用的历史演变

沁县从1953年开始施用化学肥料，1960年氮肥施用量为1 000吨，1978年氮肥施用量增加到 9 828.9 吨，磷肥施用量达 19 397 吨，平均亩施 38 千克。1988 年，肥料投入大增，施用量达到 11 000 吨，亩施化肥 31 千克，施农肥亩均 75 担。1992 年，化肥施用总量为 21 842 吨，其中，氮肥 2 223 吨，磷肥 13 320 吨，钾肥 2 580 吨，复合肥 3 719 吨。2012 年，化肥施用总量为 2.4 万吨，其中，氮肥 6 000 吨，磷肥 300 吨，钾肥 400 吨，复合肥 1.73 万吨。

四、耕地利用与保养管理简要回顾

1985—1995 年，根据全国第二次土壤普查结果，划分了土壤利用改良区，根据不同土壤类型、不同土壤肥力和不同生产水平提出了合理利用培肥措施，达到了培肥土壤的目的。

1995—2011 年，随着农业产业结构调整步伐加快，实施沃土计划，推广平衡施肥、增施有机肥、种植绿肥、秸秆还田、中低产田改造、玉米高产创建、优势农产品开发、测土配方施肥等一系列的项目的展开，使沁县施肥逐渐趋于合理、土壤肥力得到了极大提高，农业生态环境得到了巨大改善。

第二章 耕地地力调查与质量 评价的内容与方法

根据《全国耕地地力调查与质量评价技术规程》（以下简称《规程》）和《全国测土配方施肥技术规范》（以下简称《规范》）的要求，通过肥料效应田间试验、样品采集与制备、田间基本情况调查、土壤与植株测试、肥料配方设计、配方肥料合理使用、效果反馈与评价、数据汇总、报告撰写等内容、方法与操作规程以及耕地地力评价方法的工作过程，进行耕地地力调查和质量评价。这次调查和评价是基于 4 个方面进行的。一是通过耕地地力调查与评价，合理调整农业结构、满足市场对农产品多样化、优质化的要求以及经济发展的需要；二是全面了解耕地质量现状，为无公害农产品、绿色食品、有机食品生产提供科学依据，为人民提供健康安全食品；三是针对耕地土壤的障碍因子，提出中低产田改造、防止土壤退化及修复已污染土壤的意见和措施，提高耕地综合生产能力；四是通过调查，建立沁县耕地资源信息管理系统和测土配方施肥专家咨询系统，对耕地质量和测土配方施肥实行计算机网络管理，形成较为完善的测土配方施肥数据库，为农业增效、农民增收提供科学决策依据，保证农业可持续发展。

第一节 工作准备

一、组织准备

由山西省农业厅牵头，组织山西省厅土肥站、长治市农业委员会土肥站、山西农业大学资源环境学院参加，成立测土配方施肥和耕地地力调查领导组、专家组、技术指导组，沁县成立相应的领导组、技术指导组、办公室、野外调查队和室内资料数据汇总组。

二、物质准备

根据《规程》和《规范》要求，进行了充分物质准备，先后配备了 GPS 定位仪、不锈钢土钻、计算机、化验药品以及调查表格等。并在原来土壤化验室基础上进行了必要补充。

三、技术准备

领导组聘请农业系统有关专家及第二次土壤普查有关人员，组成技术指导组，根据《规程》和《山西省 2005 年区域性耕地地力调查与质量评价实施方案》及《规范》，制定了《沁县测土配方施肥技术规范及耕地地力调查与质量评价技术规程》，并编写了技术培训教材。在采样调查前对采样调查人员进行了认真、系统的技术培训。

四、资料准备

按照《规程》和《规范》的要求，收集了沁县行政区划图、地形图、第二次土壤普查成果图、土地利用现状图、基本农田保护区划图等图件。收集了第二次土壤普查成果资料、土地利用情况、气象资料、农业统计及全国第二次耕地调查数据等相关资料信息。

第二节　室内预研究

一、确定采样点位

（一）布点与采样原则

为了使土壤调查所获取的信息具有一定的典型性和代表性，采样点在参考县级土壤图的基础上，做好采样规划设计，确定采样点位，并严禁在实际采样时随意变更采样点。

布点和采样时主要遵循了以下原则：一是布点具有广泛的代表性，同时兼顾均匀性。根据土壤类型、土地利用等因素，将采样区域划分为若干个采样单元，每个采样单元的土壤性状尽可能均匀一致；二是尽可能在全国第二次土壤普查时的剖面或农化样取样点上布点；三是采集的样品具有典型性，能代表其对应的评价单元最明显、最稳定、最典型的特征，尽量避免各种非调查因素的影响；四是所调查农户随机抽取，按照事先所确定的采样地点寻找符合基本采样条件的农户进行，采样在符合要求的同一农户的同一地块内进行。

（二）布点方法

按照《规程》和《规范》，结合沁县实际，将采样点定为平均每50～200亩1个点位，实际布设大田样点4 300个。

（1）依据山西省第二次土壤普查土种归属表，把图斑面积过小的土种，适当合并至母质类型相同、质地相近、土体构型相似的土种。

（2）将归并后的土种图与基本农田保护区划图和土地利用现状图叠加，形成评价单元。

（3）根据评价单元的个数及相应面积，在样点总数的控制范围内，初步确定不同评价单元的采样点数。

（4）在评价单元中，根据图斑大小、作物种类、产量水平等因素的不同，确定布点数量和点位，并在图上予以标注（点位尽可能选在第二次土壤普查时的典型剖面取样点或农化样品取样点上）。

（5）不同评价单元的取样数量和点位确定后，按照土种、作物品种、产量水平等，分别统计其相应的取样数量。

（6）当某一因素点位数过少或过多时，再根据实际情况进行适当调整。

二、采样方法

1. 采样时间 在大田作物收获后到次年播种施肥前进行。按叠加图上确定的调查点位去野外采集样品。通过实地了解当地的农业生产情况，确定最具代表性的同一农户的同一块田采样，田块面积均在1亩以上，并用 GPS 定位仪准确记录经、纬度和海拔。

2. 调查、取样 按农户调查表的内容向已确定采样田块的户主逐项进行调查并认真填写。主要采用"S"法，均匀随机采取 15～20 个点，充分混合后，用四分法留取1千克组成一个土壤样品，装入已准备好的土袋中并附内外标签。

3. 采样工具 主要采用不锈钢土钻，采样过程中努力保持土钻垂直，样点密度均匀。

4. 采样深度 0～20 厘米耕作层。

5. 采样记录 填写两张标签，土袋内外各具，注明采样编号、采样地点、采样人、采样日期等。采样同时填写大田采样点基本情况调查表和农户施肥情况调查表。

三、调查内容

根据《规范》要求，按照《测土配方施肥采样地块基本情况调查表》认真填写。这次调查的范围是基本农田保护区耕地。

调查内容：一是与耕地地力评价相关的耕地自然环境条件，农田基础设施建设水平和土壤理化性状，耕地土壤障碍因素和土壤退化原因等；二是与农产品品质相关的耕地土壤环境状况。三是与农业结构调整密切相关的耕地土壤适宜性问题。四是农户生产管理情况调查。

上述资料获取的途径：一是利用第二次土壤普查和土地利用现状等现有资料，收集整理而来。二是采用以点带面的调查方法，经过实地调查访问农户获得。三是对所采集样品进行相关分析化验后取得。四是将所有有限的资料、农户生产管理情况调查资料、分析数据录入到计算机中，并经过矢量化处理形成数字化图件、插值，使每个地块均具有各种资料信息。

四、分析项目和方法

根据《规程》及《山西省耕地地力调查及质量评价实施方案》和《规范》规定，土壤质量调查样品检测项目为：pH、有机质、全氮、碱解氮、有效磷、速效钾、缓效钾、有效铜、有效锌、有效铁、有效锰、水溶性硼、有效硫 13 个项目。其分析方法均按全国统一规定的测定方法进行。

五、技术路线

1. 评价单元 本次调查是基于 2009 年全国第二次土地调查成果进行，沁县土地利用总图斑数 19 359 个，耕地图斑 19 359 个，平均耕地图斑 31 个/亩，因此，本次评价单元采用土地利用现状图耕地图斑作为基本评价单元，并将土壤图（1∶50 000）与土地利用现状图（1∶10 000）配准后，用土地利用现状图层提取土壤图层的信息。相似相近的评价单元至少采集一个土壤样品进行分析，在评价单元图上连接评价单元属性数据库，用计算机绘制各评价因子图。见图 2-1。

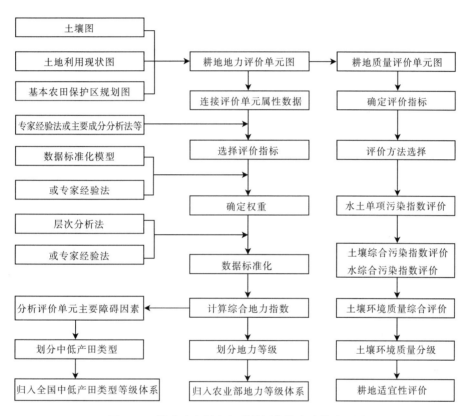

图 2-1　耕地地力调查与质量评价技术路线流程图

2. 评价因子　根据全国、省级耕地地力评价指标体系并通过农科教专家论证来确定沁县县域耕地地力评价因子。

3. 评价因子权重　用模糊数学德尔菲法和层次分析法将评价因子标准数据化，并计算出每一评价因子的权重。

4. 数据标准化　选用隶属函数法和专家经验法等数据标准化方法，对评价指标进行数据标准化处理，对定性指标要进行数值化描述。

5. 综合地力指数计算　用各因子的地力指数累加得到每个评价单元的综合地力指数。

6. 划分地力等级　根据综合地力指数分布的累积频率曲线法或等距法，确定分级方案，并划分地力等级。

7. 归入全国耕地地力等级体系　依据《全国耕地类型区、耕地地力等级划分》（NY/T 309—1996），归纳整理各级耕地地力要素主要指标，结合专家经验，将各级耕地地力归入全国耕地地力等级体系。

8. 划分中低产田类型 依据《全国中低产田类型划分与改良技术规范》（NY/T 310—1996），分析评价单元耕地土壤主要障碍因素，划分并确定中低产田类型。

第三节 野外调查及质量控制

一、调查方法

野外调查的重点是对取样点的立地条件、土壤属性、农田基础设施条件、农户栽培管理成本、收益及污染等情况进行全面了解、掌握。

1. 确定采样位置 在1∶10 000评价单元图上确定各类型采样点的采样位置，并在图上标注。

2. 培训野外调查人员 抽调技术素质高、责任心强的农业技术人员，经过专业培训和野外实习，组成野外调查队，实施野外调查。

3. 严格取样 各野外调查队根据图标位置，在了解农户农业生产情况基础上，确定具有代表性田块和农户，用GPS定位仪进行定位，依据田块准确方位修正点位图上的点位位置。

4. 按照《规程》、省级实施方案和《规范》规定，填写调查表格，并将采集的样品统一编号，带回室内化验。

二、调查内容

1. 基本情况调查项目

（1）采样地点和地块：地址名称采用民政部门认可的正式名称。地块名称采用当地的通俗名称。

（2）经纬度及海拔高度：由GPS定位仪进行测定。

（3）地貌类型：丘陵、山地、盆地、平原等。

（4）地形部位：主要包括丘陵低山中下部及坡麓平坦地；河流一级、二级阶地，沟谷、梁、峁、坡，黄土垣、梁，山地丘陵中、下部地面有一定的坡度。

（5）坡度：一般分为<2.0°、2.1°~5.0°、5.1°~8.0°、8.1°~15.0°、15.1°~25.0°五级。

（6）侵蚀程度：侵蚀程度通常分为无明显、轻度、中度、强度、极强度5级。

（7）水位深度：指地下水深度，分为深位（3~5米）、中位（2~3米）、浅位（≤2米）。

2. 土壤性状调查项目

（1）土壤名称：按第二次土壤普查时的命名法填写。

（2）土壤质地：样品采用手摸测定，质地分为：沙土、沙壤、壤土、黏壤、黏土5级。

（3）质地构型：一般分为通体壤、通体黏、通体砂、黏夹沙、底沙、壤夹黏、多砾、少砾、夹砾、底砾、少料姜、多料姜等。

（4）耕层厚度：用钢卷尺进行实际测量确定。

（5）障碍层次及深度：主要指沙土、黏土、砾石、料姜等所发生的层位、层次及深度。

（6）成土母质：分为残积物、坡积物、黄土母质、风沙沉积物、人工堆垫物、人工淤积物、冲积物等类型。

3. 农田设施调查项目

（1）地面平整度：按大范围地形坡度分为平整（＜2°）、基本平整（2°～5°）、不平整（＞5°）。

（2）梯田化水平：分为地面平坦（园田化水平高），地面基本平坦（园田化水平较高），高水平梯田，缓坡梯田，新修梯田，坡耕地6种类型。

（3）田间输水方式：管道、防渗渠道、土渠等。

（4）灌溉方式：分为漫灌、畦灌、沟灌、滴灌、喷灌、管灌等。

（5）灌溉保证率：按百分比计。

（6）排涝能力：分为保排、能排、可排、渍涝、不排5级。

4. 生产性能与管理情况调查项目

（1）种植制度：分为一年一熟、一年两熟、两年三熟等。

（2）作物种类与产量：指调查地块上年度主要种植作物及其平均产量。

（3）耕翻方式及深度：指翻耕、旋耕、耙地、耱地、中耕等。

（4）秸秆还田情况：分翻压还田、覆盖还田等。

（5）设施类型及棚龄：设置类型分为薄膜覆盖、塑料拱棚、温室等，棚龄以正式投入使用算起。

（6）上年度灌溉情况：包括灌溉方式、灌溉次数、年灌水量、水源类型、灌溉费用等。

（7）年度施肥情况：包括有机肥、氮肥、磷肥、钾肥、复合（混）肥、微肥、叶面肥、微生物肥及其他肥料施用情况，有机肥要注明类型，化肥指纯养分。

（8）上年度生产成本：包括化肥、有机肥、农药、农膜、种子（种苗）、机械人工及其他。

（9）上年度农药使用情况：农药使用次数、品种、数量。

（10）产品销售及收入情况。

（11）品种及产地。

（12）效益：指当年纯收入。

三、采样数量

在沁县59.9万亩耕地上，共采集大田土壤样品4 300个。

四、质量控制

野外调查采样是此次调查评价的关键。既要考虑采样的代表性、均匀性，也要考虑采样的典型性。所以分别在不同地形部位、不同作物类型、不同地力水平的农田，严格按照《规程》和《规范》要求均匀布点，并严格按照图标布点进行采样。

第四节 样品分析及质量控制

一、土壤样品分析项目及方法

1. pH 电位法测定。
2. 有机质 采用油浴加热重铬酸钾氧化容量法测定。
3. 全氮 采用凯氏蒸馏法测定。
4. 碱解氮 采用碱解扩散法测定。
5. 有效磷 采用碳酸氢钠或氟化铵—盐酸浸提——钼锑抗比色法测定。
6. 速效钾 采用乙酸铵浸提——火焰光度计或原子吸收分光光度计法测定。
7. 缓效钾 采用硝酸提取——火焰光度法测定。
8. 有效铜、锌、铁、锰 采用DTPA提取——原子吸收光谱法测定。
9. 水溶性硼 采用沸水浸提——甲亚胺—H比色法或姜黄素比色法测定。
10. 有效硫 采用磷酸盐—乙酸或氯化钙浸提——硫酸钡比浊法测定。

二、分析测试质量控制

分析测试质量主要包括野外调查取样后样品风干、处理与实验室分析化验质量，其质量的控制是调查评价的关键。

（一）样品风干及处理

土壤样品及时放置在干燥、通风、卫生、无污染的室内风干，风干后作进一步处理。

将风干后的样品平铺在制样板上，用木棍或塑料棍碾压，并将植物残体、石块等侵入体和新生体剔除干净。细小已断的植物须根，采用静电吸附的方法清除。压碎的土样用2毫米孔径筛过筛，未通过的土粒重新碾压，直至全部样品通过为止，供pH及有效养分测定。将通过2毫米孔径筛的土样用四分法取出一部分继续碾磨，使之全部通过0.25毫米孔径筛，供有机质、全氮等项目的测定。

用于微量元素分析的土样，其处理方法同一般化学分析样品，但在采样、风干、研磨、过筛、运输、贮存等诸环节都要特别注意，不要接触容易造成样品污染的铁、铜等金属器具。采样、制样推荐使用不锈钢、木、竹或塑料工具，过筛使用尼龙网筛。

（二）化验室质量控制

1. 在测试前采取的主要措施

（1）对化验人员进行有针对性的培训 在测试项目、测试方法、操作要求、注意事项等各个环节进行质量考核，为化验人员了解掌握化验技术、提高业务水平、减少误差奠定基础。

（2）建立收样登记制度 将收样时间、制样时间、处理方法与时间、分析时间一一登记，并在收样时确定样品统一编码、野外编码及标签等，从而确保样品的真实性和整个过程的完整性。

（3）测试方法　根据实验室条件，按照《规范》规定确立最终采取的分析方法。

（4）测试环境　为减少系统误差，严格控制实验室温、湿度，试剂、用水、器皿存放及使用方法，保证其符合测试条件。对相互干扰的项目要进行分别测试。

（5）用于检测的仪器定期进行运行状况检查。

2. 在检测中采取的主要措施

（1）仪器使用实行登记制度，并及时对仪器设备进行检查维修和调整。

（2）严格执行项目分析标准和规程，确保测试结果准确性。

（3）坚持平行化验、必要的重复性化验，控制精密度，减少随机误差：每个项目开始分析时每批样品均须做 100％平行样品，结果稳定后，平行次数减少 50％，最少保证做 10％～15％平行样品。每个化验人员都自行编入明码样做平行测定，质控员还编入 10％密码样进行质量控制。

平行双样测定结果的误差在允许的范围之内为合格；平行双样测定全部不合格者，该批样品重新测定；平行双样测定合格率＜95％时，除对不合格的重新测定外，再增加 10％～20％的平行测定率，直到总合格率达 95％。

（4）坚持带质控样进行测定：与标准样对照分析中，每批次带标准样品 10％～20％，在测定的精密度合格的前提下，标准样测定值在标准保证值（95％的置信水平）范围的为合格，否则本批结果无效，进行重新分析测定。

（5）注重空白试验：全程空白值是指用某一方法测定某物质时，除样品中不含该物质外，整个分析过程中引起的信号值或相应浓度值。它包含了试剂、蒸馏水中杂质带来的干扰，从待测试样的测定值中扣除，可消除上述因素带来的系统误差。如果空白值过高，则要找出原因，采取其他措施（如提纯试剂、更新试剂、更换容器等）加以消除。保证每批次样品做 2 个以上空白样，并在整个项目开始前按要求做全程序空白测定，每次做 2 个平行空白样，连测 5 天共得 10 个测定结果，计算批内标准偏差 S_{wb}。

$$S_{wb} = \left[\sum (Xi - X_{平})^2 / m(n-1) \right]^{1/2}$$

式中：n——每天测定平均样个数；

　　　　m——测定天数。

（6）做好校准曲线：比色分析中标准系列保证设置 6 个以上浓度点。根据浓度和吸光值按一元线性回归方程计算其相关系数。

$$Y = a + bX$$

式中：Y——吸光度；

　　　　X——待测液浓度；

　　　　a——截距；

　　　　b——斜率。要求标准曲线相关系数 $r \geq 0.999$。

校准曲线控制：①每批样品皆需做校准曲线；②标准曲线力求 $r \geq 0.999$，且有良好重现性；③大批量分析时每测 10～20 个样品要用一标准液校验，检查仪器状况；④待测液浓度超标时不能任意外推。

（7）用标准物质校核实验室的标准滴定溶液。标准物质的作用是校准。对测量过程中使用的基准纯、优级纯的试剂进行校验。校准合格才准用，确保量值准确。

（8）详细、如实记录测试过程，使检测条件可再现、检测数据可追溯。对测量过程中出现的异常情况也及时记录，及时查找原因。

（9）认真填写测试原始记录，测试记录做到：如实、准确、完整、清晰。记录的填写、更改均制定了相应制度和程序。当测试由一人读数一人记录时，记录人员复读多次所记的数字，减少误差发生。

3. 检测后主要采取的技术措施

（1）加强原始记录校核、审核，实行"三审三校"制度，对发现的问题及时研究、解决。

（2）运用质量控制图预防质量事故发生：对运用均值—极差控制图的判断，参照《质量专业理论与实名》中的判断准则。对控制样品进行多次重复测定，由所得结果计算出控制样的平均值 X 及标准差 S（或极差 R），就可绘制均值—标准差控制图（或均值—极差控制图），纵坐标为测定值，横坐标为获得数据的顺序。将均值 X 作成与横坐标平行的中心级 CL，$X\pm 3S$ 为上下控制限 UCL 及 LCL，$X\pm 2S$ 为上下警戒限 UWL 及 LWL，在进行试样列行分析时，每批带入控制样，根据差异判异准则进行判断。如果在控制限之外，该批结果为全部错误结果，则必须查出原因，采取措施，加以消除，除"回控"后再重复测定，并控制不再出现，如果控制样的结果落在控制限和警戒限之间，说明精密度已不理想，应引起注意。

（3）控制检出限：检出限是指对某一特定的分析方法在给定的置信水平内，可以从样品中检测的待测物质的最小浓度或最小量。根据空白测定的批内标准偏差（S_{wb}）按下列公式计算检出限（95%的置信水平）。

①若试样一次测定值与零浓度试样一次测定值有显著性差异时，检出限（L）按下列公式计算：

$$L=2\times 2^{1/2}t_f S_{wb}$$

式中：L——方法检出限；

t_f——显著水平为 0.05（单侧）、自由度为 f 的 t 值；

S_{wb}——批内空白值标准偏差；

f——批内自由度，$f=m(n-1)$，m 为重复测定次数，n 为平行测定次数。

②原子吸收分析方法中检出限计算：$L=3 S_{wb}$。

③分光光度法以扣除空白值后的吸光值为 0.010 相对应的浓度值为检出限。

（4）及时对异常情况处理：

①异常值的取舍。对检测数据中的异常值，按 GB 4883 标准规定采用 Grubbs 法或 Dixon 法加以判断处理。

②因外界干扰（如停电、停水），检测人员应终止检测，待排除干扰后重新检测，并记录干扰情况。当仪器出现故障时，故障排除后校准合格的，方可重新检测。

（5）使用计算机采集、处理、运算、记录、报告、存储检测数据时，应制定相应的控制程序。

（6）检验报告的编制、审核、签发。检验报告是实验工作的最终结果，是试验室的产品，因此对检验报告质量要高度重视。检验报告应做到完整、准确、清晰、结论正确。必须坚持三级审核制度，明确制表、审核、签发的职责。

除此之外，为保证分析化验质量，提高实验室之间分析结果的可比性，山西省土壤肥料工作站抽查5%～10%样品在省测试中心进行复核，并编制密码样，对实验室进行质量监督和控制。

4. 技术交流 在分析过程中，发现问题及时交流，改进方法，不断提高技术水平。

5. 数据录入 分析数据按规程和方案要求审核后编码整理，和采样点一一对照，确认无误后进行录入。采取双人录入相互对照的方法，保证录入正确率。

第五节 评价依据、方法及评价标准体系的建立

一、评价原则依据

经山西省农业厅土肥站、长治市农业委员会土壤肥料工作站、沁县农业委员会土壤肥料工作站、山西农业大学资源环境学院专家组评议，沁县确定了立地条件、土壤属性、农田基础设施条件五大因素10个评价因子为耕地地力评价指标。

1. 立地条件 指耕地土壤的自然环境条件，它包含与耕地质量直接相关的地貌类型及地形部位、成土母质、地面坡度等。

（1）地貌类型及其特征描述：沁县由平原到山地垂直分布的主要地形地貌有河流一级、二级阶地，山地丘陵中下部及坡麓平坦地及部分沟谷、梁、峁、坡等。

（2）主要成土母质：沁县耕种土壤的母质类型有坡积物、冲积物、黄土母质、风沙沉积物、人工堆垫物、人工淤积物。

（3）地面坡度：地面坡度反映水土流失程度，直接影响耕地地力，沁县将地面坡度小于25°的耕地依坡度大小分成5级（<2.0°、2.1°～5.0°、5.1°～8.0°、8.1°～15.0°、15.1°～25.0°）进入地力评价系统。

2. 土壤属性

（1）土体构型：指土壤剖面中不同土层间质地构造变化情况，直接反映土壤发育及障碍层次，影响根系发育、水肥保持及有效供给，包括耕层厚度、耕层质地两个因素：①耕层厚度。按其厚度（厘米）深浅从高到低依次分为6级（>30、26～30、21～25、16～20、11～15、≤10）进入地力评价系统。②耕层质地。沁县耕地质地构型主要分为沙壤土、轻壤土、中壤土、重壤土、轻黏土、重黏土。

（2）耕层土壤理化性状：分为较稳定的理化性状（有机质、pH）和易变化的化学性状（有效磷、速效钾）两大部分。

①有机质。土壤肥力的重要指标，直接影响耕地地力水平。按其含量（克/千克）从高到低依次分为6级（>25.00、20.01～25.00、15.01～20.00、10.01～15.00、5.01～10.00、≤5.00）进入地力评价系统。

②pH。pH过大或过小，作物生长发育受抑。按照沁县耕地土壤的pH范围，按其测定值由低到高依次分为6级（6.0～7.0、7.0～7.9、7.9～8.5、8.5～9.0、9.0～9.5、≥

9.5）进入地力评价系统。

③有效磷。按其含量（毫克/千克）从高到低依次分为 6 级（＞25.00、20.1～25.00、15.1～20.00、10.1～15.00、5.1～10.00、≤5.00）进入地力评价系统。

④速效钾。按其含量（毫克/千克）从高到低依次分为 6 级（＞200、151～200、101～150、81～100、51～80、≤50）进入地力评价系统。

3. 农田基础设施条件　园田化水平：按园田化和梯田类型及其熟化程度分为地面平坦、园田化水平高，地面基本平坦、园田化水平较高，高水平梯田，缓坡梯田、熟化程度 5 年以上，新修梯田和坡耕地 6 种类型。

二、评价方法及流程

（一）技术方法

1. 文字评述法　对一些概念性的评价因子（如地形部位、土壤母质、耕层质地、园田化水平）进行定性描述。

2. 专家经验法（德尔菲法）　在山西省农科教系统邀请土肥界具有一定学术水平和农业生产实践经验的 24 名专家，参与评价因素的筛选和隶属度确定（包括概念型和数值型评价因子的评分），见表 2-1。

表 2-1　各评价因子专家打分意见

因　　子	平均值	众数值	建议值
立地条件（C_1）	2.1	1（11）3（13）	2
土体构型（C_2）	3.1	3（23）5（1）	3
较稳定的理化性状（C_3）	4.1	3（11）5（13）	4
易变化的化学性状（C_4）	5	5（23）	5
农田基础建设（C_5）	1.1	1（21）3（1）	1
地形部位（A_1）	1.0	1（23）	1
成土母质（A_2）	3.2	3（19）5（2）	3
地面坡度（A_3）	1.8	1（14）3（10）	2
耕层厚度（A_4）	2.5	1（5）3（17）	3
耕层质地（A_5）	1.9	1（13）3（11）	2
有机质（A_6）	2.7	3（4）5（20）	5
pH（A_7）	4.7	3（20）5（4）	3
有效磷（A_8）	4.2	3（10）5（14）	4
速效钾（A_9）	4.7	3（3）5（20）	5
园田化水平（A_{10}）	1.6	1（15）3（7）	1

3. 模糊综合评判法　应用这种数理统计的方法对数值型评价因子（如地面坡度、耕层厚度、有机质、有效磷、速效钾、pH）进行定量描述，即利用专家给出的评分（隶属度）建立某一评价因子的隶属函数（表 2-2）。

4. 层次分析法　用于计算各参评因子的组合权重。本次评价，把耕地生产性能（即耕地地力）作为目标层（G 层），把影响耕地生产性能的立地条件、较稳定的理化性状、易变化的化学性状、农田基础设施条件作为准则层（C 层），再把影响准则层中的各因素的项目作为指标层（A 层），建立耕地地力评价层次结构图。在此基础上，由 24 名专家分别对不同层次内各参评因素的重要性作出判断，构造出不同层次间的判断矩阵。最后计算出各评价因子的组合权重。

表 2 - 2　沁县耕地地力评价数字型因子分级及其隶属度

评价因子	量纲	1 级	2 级	3 级	4 级	5 级	6 级
		量值	量值	量值	量值	量值	量值
地面坡度	°	<2.0	2.0~5.0	5.1~8.0	8.1~15.0	15.1~25.0	≥25
耕层厚度	厘米	>30	26~30	21~25	16~20	11~15	≤10
有机质	克/千克	>25.0	20.01~25.00	15.01~20.00	10.01~15.00	5.01~10.00	≤5.00
pH		6.7~7.0	7.1~7.9	8.0~8.5	8.6~9.0	9.1~9.5	≥9.5
有效磷	毫克/千克	>25.0	20.1~25.0	15.1~0.0	10.1~15.0	5.1~10.0	≤5.0
速效钾	毫克/千克	>200	151~200	101~150	81~100	51~80	≤50

5. 指数和法　采用加权法计算耕地地力综合指数，即将各评价因子的组合权重与相应的因素等级分值（即由专家经验法或模糊综合评判法求得的隶属度）相乘后累加，如：

$$IFI = \sum B_i \times A_i (i = 1, 2, 3, \cdots, 15)$$

式中：IFI——耕地地力综合指数；

B_i——第 i 个评价因子的等级分值；

A_i——第 i 个评价因子的组合权重。

（二）技术流程

1. 应用叠加法确定评价单元　把基本农田保护区规划图与土地利用现状图、土壤图叠加形成的图斑作为评价单元。

2. 空间数据与属性数据的连接　用评价单元图分别与各个专题图叠加，为每一评价单元获取相应的属性数据。根据调查结果，提取属性数据进行补充。

3. 确定评价指标　根据全国耕地地力调查评价指数表，由山西省土壤肥料工作站组织 24 名专家，采用德尔菲法和模糊综合评判法确定沁县耕地地力评价因子及其隶属度。

4. 应用层次分析法确定各评价因子的组合权重。

5. 数据标准化　计算各评价因子的隶属函数，对各评价因子的隶属度数值进行标准化。

6. 应用累加法计算每个评价单元的耕地地力综合指数。

7. 划分地力等级　分析综合地力指数分布，确定耕地地力综合指数的分级方案，划分地力等级。

8. 归入农业部地力等级体系　选择 10% 的评价单元，调查近 3 年粮食单产（或用基础地理信息系统中已有资料），与以粮食作物产量为引导确定的耕地基础地力等级进行相关分析，找出两者之间的对应关系，将评价的地力等级归入农业部确定的等级体系（全国耕地类型区、耕地地力等级划分　NY/T 309—1996）。

9. 采用 GIS、GPS 系统编绘各种养分图和地力等级图等图件。

三、评价标准体系建立

1. 耕地地力要素的层次结构　见图 2-2。

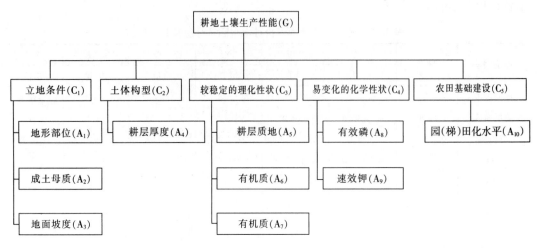

图 2-2　耕地地力要素层次结构图

2. 耕地地力要素的隶属度

（1）概念性评价因子：各评价因子的隶属度及其描述见表 2-3。

表 2-3　沁县耕地地力评价概念型因子隶属度及其描述

地形部位	描述	河漫滩	一级阶地	二级阶地	梁地	峁地	坡麓	沟谷	黄土垣、梁
	隶属度	0.7	1.0	0.9	0.2	0.2	0.1	0.6	0.2
成土母质	描述	坡积物	冲积物	黄土状物质	残积物	保德红土	午城黄土	离石黄土	马兰黄土
	隶属度	0.7	0.9	1.0	0.2	0.3	0.5	0.6	0.5
耕层质地	描述	沙土		沙壤	轻壤	中壤		重壤	黏土
	隶属度	0.2		0.6	0.8	1.0		0.8	0.4
园田化水平	描述	地面平坦园田化水平高		地面基本平坦园田化水平较高	高水平梯田	缓坡梯田熟化程度5年以上		新修梯田	坡耕地
	隶属度	1.0		0.8	0.6	0.4		0.2	0.1

（2）数值型评价因子：各评价因子的隶属函数（经验公式）见表 2-4。

表 2-4　沁县耕地地力评价数值型因子隶属函数

函数类型	评价因子	经验公式	C	U_t
戒下型	地面坡度（°）	$Y=1/[1+6.492\times10^{-3}\times(u-c)^2]$	3.0	$\geqslant25$
戒上型	耕层厚度（厘米）	$Y=1/[1+4.057\times10^{-3}\times(u-c)^2]$	33.8	$\leqslant10$
戒上型	有机质（克/千克）	$Y=1/[1+2.912\times10^{-3}\times(u-c)^2]$	28.4	$\leqslant5.0$
戒下型	pH	$Y=1/[1+0.515^6\times(u-c)^2]$	7.0	$\geqslant9.5$
戒上型	有效磷（毫克/千克）	$Y=1/[1+3.035\times10^{-3}\times(u-c)^2]$	28.85	$\leqslant5.0$
戒上型	速效钾（毫克/千克）	$Y=1/[1+5.389\times10^{-5}\times(u-c)^2]$	228.76	$\leqslant50$

3. 耕地地力要素的组合权重　应用层次分析法所计算的各评价因子的组合权重见表 2-5。

表 2-5 沁县耕地地力评价因子层次分析结果

指标层	准则层					组合权重
	C_1	C_2	C_3	C_4	C_5	$\sum C_i A_i$
	0.457 2	0.079 3	0.143 2	0.137 1	0.183 2	1.000 0
A_1 地形部位	0.559 8					0.255 9
A_2 成土母质	0.172 5					0.078 9
A_3 地面坡度	0.267 6					0.122 3
A_4 耕层厚度		1.000 0				0.079 3
A_5 耕层质地			0.468 0			0.067 1
A_6 有机质			0.272 3			0.039 0
A_7 pH			0.259 7			0.037 2
A_8 有效磷				0.698 1		0.095 7
A_9 速效钾				0.301 9		0.041 4
A_{10} 园田化水平					1.000 0	0.183 2

第六节 耕地资源管理信息系统建立

一、耕地资源管理信息系统的总体设计

耕地资源信息系统以一个县行政区域内耕地资源为管理对象，应用 GIS 技术对辖区内的地形、地貌、土壤、土地利用、农田水利、土壤污染、农业生产基本情况、基本农田保护区等资料进行统一管理，构建耕地资源基础信息系统，并将此数据平台与各类管理模型结合，对辖区内的耕地资源进行系统的动态管理，为农业决策者、农民和农业技术人员

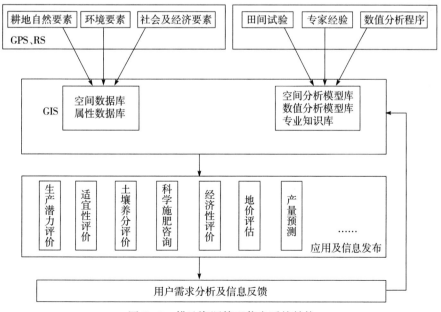

图 2-3 耕地资源管理信息系统结构

提供耕地质量动态变化、土壤适宜性、施肥咨询、作物营养诊断等多方位的信息服务。

本系统行政单元为村，农田单元为基本农田保护块，土壤单元为土种，系统基本管理单元为土壤、基本农田保护块、土地利用现状叠加所形成的评价单元。

1. 系统结构 见图 2-3。

2. 县域耕地资源管理信息系统建立工作流程 见图 2-4。

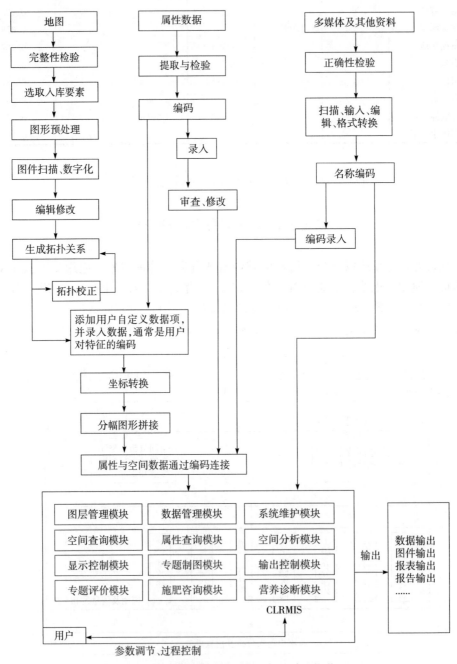

图 2-4 县域耕地资源管理信息系统建立工作流程

3. CLRMIS、硬件配置

（1）硬件：P5 及其兼容机，≥1G 的内存，≥120G 的硬盘，≥256M 的显存，A4 扫描仪，彩色喷墨打印机。

（2）软件：Windows 2000/XP，Excel 2000/XP 等。

二、资料收集与整理

1. 图件资料收集与整理　图件资料指印刷的各类地图、专题图以及商品数字化矢量和栅格图。图件比例尺为 1：50 000 和 1：10 000。

（1）地形图：统一采用中国人民解放军总参谋部测绘局测绘的地形图。由于近年来公路、水系、地形地貌等变化较大，因此，采用水利、公路、规划、国土等部门的有关最新图件资料对地形图进行修正。

（2）行政区划图：由于近年撤乡并镇等工作致使部分地区行政区划变化较大，因此，按最新行政区划进行修正，同时注意名称、拼音、编码等的一致。

（3）土壤图及土壤养分图：采用第二次土壤普查成果图。

（4）基本农田保护区现状图：采用国土局最新划定的基本农田保护区图。

（5）地貌类型分区图：根据地貌类型将辖区内农田分区，采用第二次土壤普查分类系统绘制成图。

（6）土地利用现状图：现有的土地利用现状图（第二次土地调查数据库）。

（7）主要污染源点位图：调查本地可能对水体、大气、土壤形成污染的矿区、工厂等，并确定污染类型及污染强度，在地形图上准确标明位置及编号。

（8）土壤肥力监测点点位图：在地形图上标明准确位置及编号。

（9）土壤普查土壤采样点点位图：在地形图上标明准确位置及编号。

2. 数据资料收集与整理

（1）基本农田保护区一级、二级地块登记表，国土局基本农田划定资料。

（2）其他有关基本农田保护区划定统计资料，国土局基本农田划定资料。

（3）近几年粮食单产、总产、种植面积统计资料（以村为单位）。

（4）其他农村及农业生产基本情况资料。

（5）历年土壤肥力监测点田间记载及化验结果资料。

（6）历年肥情点资料。

（7）县、乡、村名编码表。

（8）近几年土壤、植株化验资料（土壤普查、肥力普查等）。

（9）近几年主要粮食作物、主要品种产量构成资料。

（10）各乡历年化肥销售、使用情况。

（11）土壤志、土种志。

（12）特色农产品分布、数量资料。

（13）主要污染源调查情况统计表（地点、污染类型、方式、强度等）。

（14）当地农作物品种及特性资料，包括各个品种的全生育期，大田生产潜力，最佳播期，移栽期，播种量，栽插密度，百千克籽粒需氮量、需磷量、需钾量等以及品种特性介绍。

（15）一元、二元、三元肥料肥效试验资料，计算不同地区、不同土壤、不同作物品种的肥料效应函数。

（16）不同土壤、不同作物基础地力产量占常规产量比例资料。

3. 文本资料收集与整理

（1）沁县及各乡（镇）基本情况描述。

（2）各土种性状描述，包括其发生、发育、分布、生产性能、障碍因素等。

4. 多媒体资料收集与整理

（1）土壤典型剖面照片。

（2）土壤肥力监测点景观照片。

（3）当地典型景观照片。

（4）特色农产品介绍（文字、图片）。

（5）地方介绍资料（图片、录像、文字、音乐）。

三、属性数据库建立

（一）属性数据内容

CLRMIS 主要属性资料及其来源见表 2-6。

表 2-6　CLRMIS 主要属性资料及其来源

编号	名　称	来　源
1	湖泊、面状河流属性表	水利局
2	堤坝、渠道、线状河流属性数据	水利局
3	交通道路属性数据	交通局
4	行政界线属性数据	农业局
5	耕地及蔬菜地灌溉水、回水分析结果数据	农业局
6	土地利用现状属性数据	国土局
7	土壤、植株样品分析化验结果数据表	本次调查资料
8	土壤名称编码表	土壤普查资料
9	土种属性数据表	土壤普查资料
10	基本农田保护块属性数据表	国土局
11	基本农田保护区基本情况数据表	国土局
12	地貌、气候属性表	土壤普查资料
13	县乡村名编码表	统计局

（二）属性数据分类与编码

数据的分类编码是对数据资料进行有效管理的重要依据。编码的主要目的是节省计算机内存空间，便于用户理解使用。地理属性进入数据库之前进行编码是必要的，只有进行了正确的编码，空间数据库与属性数据库才能实现正确连接。编码格式有英文字母与数学组合。

本系统主要采用数字表示的层次型分类编码体系，它能反映专题要素分类体系的基本特征。

（三）建立编码字典

数据字典是数据库应用设计的重要内容，是描述数据库中各类数据及其组合的数据集合，也称元数据。地理数据库的数据字典主要用于描述属性数据，它本身是一个特殊用途的文件，在数据库整个生命周期里都起着重要的作用。它避免重复数据项的出现，并提供了查询数据的唯一入口。

（四）数据库结构设计

属性数据库的建立与录入可独立于空间数据库和 GIS 系统，可以在 Access、dBase、Foxbase 和 Foxpro 下建立，最终统一以 dBase 的 dbf 格式保存入库。下面以 dBase 的 dbf 数据库为例进行描述。

1. 湖泊、面状河流属性数据库 lake. dbf

字段名	属　性	数据类型	宽　度	小数位	量　纲
lacode	水系代码	N	4	0	代　码
laname	水系名称	C	20		
lacontent	湖泊贮水量	N	8	0	万米^3
laflux	河流流量	N	6		米^3/秒

2. 堤坝、渠道、线状河流属性数据 stream. dbf

字段名	属　性	数据类型	宽　度	小数位	量　纲
ricode	水系代码	N	4	0	代　码
riname	水系名称	C	20		
riflux	河流、渠道流量	N	6		米^3/秒

3. 交通道路属性数据库 traffic. dbf

字段名	属　性	数据类型	宽　度	小数位	量　纲
rocode	道路编码	N	4	0	代　码
roname	道路名称	C	20		
rograde	道路等级	C	1		
rotype	道路类型	C	1		（黑色/水泥/石子/土）

4. 行政界线（省、市、县、乡、村）属性数据库 boundary. dbf

字段名	属　性	数据类型	宽　度	小数位	量　纲
adcode	界线编码	N	1	0	代　码
adname	界线名称	C	4		

adcode	name
1	国界
2	省界
3	市界
4	县界
5	乡界
6	村界

5. 土地利用现状 * 属性数据库 landuse. dbf

* 土地利用现状分类表。

字段名	属 性	数据类型	宽 度	小数位	量 纲
lucode	利用方式编码	N	2	0	代 码
luname	利用方式名称	C	10		

6. 土种属性数据表 soil. dbf

字段名	属 性	数据类型	宽 度	小数位	量 纲
sgcode	土种代码	N	4	0	代 码
stname	土类名称	C	10		
ssname	亚类名称	C	20		
skname	土属名称	C	20		
sgname	土种名称	C	20		
pamaterial	成土母质	C	50		
profile	剖面构型	C	50		

土种典型剖面有关属性数据：

字段名	属 性	数据类型	宽 度	小数位	量 纲
text	剖面照片文件名	C	40		
picture	图片文件名	C	50		
html	HTML 文件名	C	50		
video	录像文件名	C	40		

7. 土壤养分（pH、有机质、氮等）**属性数据库 nutr＊＊＊＊. dbf**

本部分由一系列的数据库组成，视实际情况不同有所差异，如在盐碱土地区还包括盐分含量及离子组成等。

（1）pH 库 nutrpH. dbf：

字段名	属 性	数据类型	宽 度	小数位	量 纲
code	分级编码	N	4	0	代 码
number	pH	N	4	1	

（2）有机质库 nutrom. dbf：

字段名	属 性	数据类型	宽 度	小数位	量 纲
code	分级编码	N	4	0	代 码
number	有机质含量	N	5	2	百分含量

（3）全氮量库 nutrN. dbf：

字段名	属 性	数据类型	宽 度	小数位	量 纲
code	分级编码	N	4	0	代 码
number	全氮含量	N	5	3	百分含量

（4）速效养分库 nutrP. dbf：

字段名	属 性	数据类型	宽 度	小数位	量 纲
code	分级编码	N	4	0	代 码
number	速效养分含量	N	5	3	毫克/千克

8. 基本农田保护块属性数据库 farmland. dbf

字段名	属 性	数据类型	宽 度	小数位	量 纲
plcode	保护块编码	N	7	0	代 码
plarea	保护块面积	N	4	0	亩
cuarea	其中耕地面积	N	6		
eastto	东　至	C	20		
westto	西　至	C	20		
sorthto	南　至	C	20		
northto	北　至	C	20		
plperson	保护责任人	C	6		
plgrad	保护级别	N	1		

9. 地貌、气候属性 landform. dbf

字段名	属 性	数据类型	宽 度	小数位	量 纲
landcode	地貌类型编码	N	2	0	代 码
landname	地貌类型名称	C	10		
rain	降水量	C	6		

10. 基本农田保护区基本情况数据表（略）

11. 县、乡、村名编码表

字段名	属 性	数据类型	宽 度	小数位	量 纲
vicodec	单位编码—县内	N	5	0	代 码
vicoden	单位编码—统一	N	11		
viname	单位名称	C	20		
vinamee	名称拼音	C	30		

（五）数据录入与审核

数据录入前仔细审核，数值型资料注意量纲、上下限，地名应注意汉字多音字、繁简体、简全称等问题，审核定稿后再录入。录入后仔细检查，保证数据录入无误后，将数据库转为规定的格式（dBase 的 dbf 文件格式文件），再根据数据字典中的文件名编码命名后保存在规定的子目录下。

文字资料以 TXT 格式命名保存，声音、音乐以 WAV 或 MID 文件保存，超文本以HTML 格式保存，图片以 BMP 或 JPG 格式保存，视频以 AVI 或 MPG 格式保存，动画以 GIF 格式保存。这些文件分别保存在相应的子目录下，其相对路径和文件名录入相应的属性数据库中。

四、空间数据库建立

（一）数据采集的工艺流程

在耕地资源数据库建设中，数据采集的精度直接关系到现状数据库本身的精度和今后的应用，数据采集的工艺流程是关系到耕地资源信息管理系统数据库质量的重要基础工作。因此对数据的采集制定了一个详尽的工艺流程。首先，对收集的资料进行分类检查、整理与预处理；其次，按照图件资料介质的类型进行扫描，并对扫描图件进行扫描校正；再次，进行数据的分层矢量化采集、矢量化数据的检查；最后，对矢量化数据进行坐标投影转换与数据拼接工作以及数据、图形的综合检查和数据的分层与格式转换。具体数据采集的工艺流程见图 2-5。

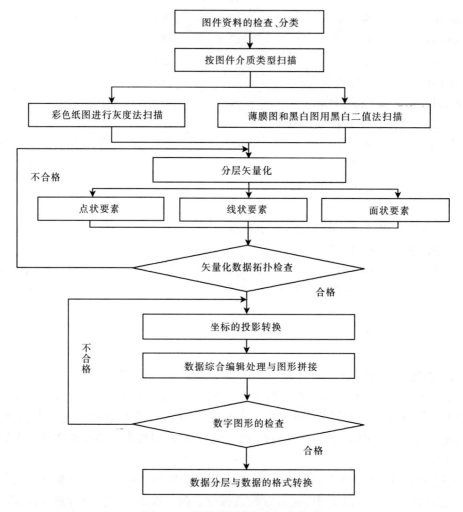

图 2-5　具体数据采集的工艺流程

（二）图件数字化

1. 图件的扫描　由于所收集的图件资料为纸介质的图件资料，所以采用灰度法进行扫描。扫描的精度为 300dpi。扫描完成后将文件保存为 *.TIF 格式。在扫描过程中，为了能够保证扫描图件的清晰度和精度，对图件先进行预见扫描。在预见扫描过程中，检查扫描图件的清晰度，其清晰度必须能够区分图内的各要素，然后利用 Lontex Fss8300 扫描仪自带的 CAD image/scan 扫描软件进行角度校正，角度校正后必须保证图幅下方两个内图廓点的连线与水平线的角度误差小于 0.2°。

2. 数据采集与分层矢量化　　对图形的数字化采用交互式矢量化方法，确保图形矢量化的精度。在耕地资源信息系统数据库建设中需要采集的要素有：点状要素、线状要素和面状要素。由于所采集的数据种类较多，所以必须对所采集的数据按不同类型进行分层采集。

（1）点状要素的采集：可以分为两种类型，一种是零星地类，另一种是注记点。零星地类包括一些有点位的点状零星地类的无点位的零星地类。对于有点位的零星地类，在数据的分层矢量化采集时，将点标记置于点状要素的几何中心点，对于无点位的零星地类在分层矢量化采集时，将点标记置于原始图件的定位点。农化点位、污染源点位等注记点的采集按照原始图件资料中的注记点，在矢量化过程中一一标注相应的位置。

（2）线状要素的采集：在耕地资源图件资料上的线状要素主要有水系、道路、带有宽度的线状地物界、地类界、行政界线、权属界线、土种界、等高线等，对于不同类型的线状要素，进行分层采集。线状地物主要是指道路、水系、沟渠等，线状地物数据采集时考虑到有些线状地物，由于其宽度较宽，如一些较大的河流、沟渠，它们在地图上可以按照图件资料的宽度比例表示为一定的宽度，则按其实际宽度的比例在图上表示；有些线状地物，如一些道路和水系，由于其宽度不能在图上表示，在采集其数据时，则按栅格图上的线状地物的中轴线来确定其在图上的实际位置。对地类界、行政界、土种界和等高线数据的采集，保证其封闭性和连续性。线状要素按照其种类不同分层采集、分层保存，以备数据分析时进行利用。

（3）面状要素的采集：面状要素要在线状要素采集后，通过建立拓扑关系形成区后进行，由于面状要素是由行政界线、权属界线、地类界线和一些带有宽度的线状地物界等结状要素所形成的一系列的闭合性区域，其主要包括行政区、权属区、土壤类型区等图斑。所以对于不同的面状要素，因采用不同的图层对其进行数据的采集。考虑到实际情况，将面状要素分为行政区层、地类层、土壤层等图斑层。将分层采集的数据分层保存。

（三）矢量化数据的拓扑检查

由于在矢量化过程中不可避免地要存在一些问题，因此，在完成图形数据的分层矢量化以后，要进行下一步工作时，必须对分层矢量化以后的数据进行矢量化数据的拓扑检查。在对矢量化数据的拓扑检查中主要是完成以下几方面的工作：

1. 消除在矢量化过程中存在的一些悬挂线段　　在线状要素的采集过程中，为了保证线段完全闭合，某些线段可能出现相互交叉的情况，这些均属于悬挂线段。在进行悬挂线段的检查时，首先使用 MapGIS 的线文件拓扑检查功能，自动对其检查和清除，如果其不能够自动清除的，则对照原始图件资料进行手工修正。对线状要素进行矢量化数据检查完成以后，随即由作图员对矢量化的数据与原始图件资料相对比进行检查，如果在对检查过程中发现有一些拓扑检查不能解决的问题，或矢量化数据的不符合精度要求的，或者是某些线状要素存在一定的位移而难以校正的，则对其中的线状要素进行重新矢量化。

2. 检查图斑和行政区等面状要素的闭合性　　图斑和行政区是反映一个地区耕地资源状况的重要属性，在对图件资料中的面状要素进行数据的分层矢量化采集中，由于图件资料中所涉及的图斑较多，在数据的矢量化采集过程中，有可能存在一些图斑或行政界的不闭合情况，可以利用 MapGIS 的区文件拓扑检查功能，对在面状要素分层矢量化采集过程中所保存的一系列区文件进行矢量化数据的拓扑检查。在拓扑检查过程中可以消除大多数区文件的不闭合情况。对于不能够自动消除的，通过与原始图件资料的相互检查，消除其不闭合情况。如果通过对矢量化以后的区文件的拓扑检查，可以消除在适量化过程中所出现的上述问题，则进行下一步工作，如果在拓扑检查以后还存在一些问题，则对其进行重新矢量化，以确保系统建设的精度。

（四）坐标的投影转换与图件拼接

1. 坐标转换　在进行图件的分层矢量化采集过程中，所建立的是图面坐标系（其单位为毫米），而在实际应用中，则要求建立平面直角坐标系（单位为米）。因此，必须利用 MapGIS 所提供的坐标转换功能，将图面坐标转换成为正投影的大地直角坐标系。在坐标转换过程中，为了保证数据的精度，可根据提供数据源的图件精度的不同，在坐标转换过程中，采用不同的质量控制方法进行坐标转换工作。

2. 投影转换　县级土地利用现状数据库的数据投影方式采用高斯投影，即将坐标转换以后的图形资料，按照大地坐标系的经纬度坐标进行转换，以便以后进行图件拼接。在进行投影转换时，对 1∶10 000 土地利用图件资料，投影的分带宽度为 3°。但是根据地形的复杂程度、行政区的跨度和图幅的具体情况，对于部分图形采用非标准的 3°分带高斯投影。

3. 图件拼接　沁县提供的 1∶10 000 土地利用现状图是采用标准分幅图，在系统建设过程中应图幅进行拼接。在图斑拼接检查过程中，相邻图幅间的同名要素误差应小于 1 毫米，这时移动其任何一个要素进行拼接，同名要素间距在 1～3 毫米的处理方法是将两个要素各自移动一半，在中间部分结合，由此可使图幅拼接完全满足精度要求。

五、空间数据库与属性数据库的连接

MapGIS 系统采用不同的数据模型分别对属性数据和空间数据进行存储管理，属性数据采用关系模型，空间数据采用网状模型。两种数据的连接非常重要。在一个图幅工作单元 Coverage 中，每个图形单元由一个标识码来唯一确定。同时一个 Coverage 中可以若干个关系数据库文件即要素属性表，用以完成对 Coverage 的地理要素的属性描述。图形单元标识码是要素属性表中的一个关键字段，空间数据与属性数据以此字段形成关联，完成对地图的模拟。这种关联是 MapGIS 的两种模型联成一体，可以方便地从空间数据检索属性数据或者从属性数据检索空间数据。

对属性与空间数据的连接采用的方法是：在图件矢量化过程中，标记多边形标识点，建立多边形编码表，并运用 MapGIS 将用 Foxpro 建立的属性数据库自动连接到图形单元中，这种方法可由多人同时进行工作，速度较快。

第三章　耕种土壤属性*

第一节　耕种土壤类型

一、土壤类型及分布

根据全国第二次土壤普查，1983年山西省第二次土壤普查土壤分类标准，沁县土壤共分为2个土类，6个亚类，20个土属，57个土种。根据1985年山西省第二次土壤普查土壤分类标准，沁县土壤分为五大土类，7个亚类，12个土属，30个土种。沁县各类土壤在地理上的分布既与当地的生物气候条件相适应，表现广域的水平分布规律和垂直分布规律；又和地方性的母质、地形、水文等条件相适应，表现为微域、隐域的分布规律；还受耕种、灌溉、农田基本建设等人为活动的影响，表现出耕种土壤的分布规律。具体分布见表3-1。

表3-1　沁县主要土壤类型

土　类	亚　类
粗骨土	粗骨土
褐　土	淋溶褐土
	褐土性土
	石灰性褐土
红黏土	红黏土
新积土	石灰性新积土
潮　土	潮　土

注：1. 表中分类是按1985年分类系统分类。

2. 土壤类型特征及主要生产性能中的分类是按照1983年标准分类，土类、亚类、土属、土种后面括号中即是1985年标准分类。

二、各类土壤性态特征

（一）褐土

褐土是沁县的地带性土壤。其广泛分布于沁县二级阶地及其以上的广大地区，其成土过程与当地的生物气候条件相吻合，它是在暖温带半干旱半湿润的季风气候带和森林、草

---

* 本部分除注明数据为此次调查数据外，其余数据文字内容均为第二次土壤普查的资料数据。

为了方便基层应用，本节土壤类型论述土壤名称仍沿用二次土壤普查时的名称。同时，制订了新旧土种对照表，以方便和新土种对照。见表3-15。

灌植被条件下发育而成的。其生物特性是植被稀疏、土壤侵蚀严重；多半是旱生型植物（如荆条、酸枣、黄刺玫、醋柳、白草、胡枝子、蒿属等草灌植物和杨树、油松等木本植物）；土体中的好气性微生物活动旺盛。沁县无霜期为 167 天左右，在这样的生物气候条件的影响下，决定了沁县大面积的地带性土壤—褐土的成土过程只能是褐土化过程，其主要成土过程如下。

腐殖质化过程：是在各种植被作用下，在土体中，特别是在土体表层进行的腐殖质累积过程。

钙化过程：是褐土的主要成土过程，主要是指在土体中淋溶、淀积的过程。

黏化过程：是土体中黏土矿物的生成和积聚过程。

根据褐土的发育情况划分为 3 个亚类、7 个土属、15 个土种，现以土壤分类系统的顺序，以亚类土属为单元分述到典型土种。

1. 山地淋溶褐土（淋溶褐土）　山地淋溶褐土零星分布在西部海拔 1 400 米以上、森林植被覆盖好、成林年代较长的山地阴坡和山岭顶部，因其所处的地势较高，气温较低，降水也较多（年平均气温在 7℃左右，年平均降水量在 600 毫米以上）；无霜期 110 天左右。目前全为自然土壤，同时也是本县主要的林业用地。

2. 山地褐土（褐土性土）　山地褐土是沁县垂直分布的主要土壤，分布于沁县的西部乡镇，海拔高差较大（1 000～1 600 米），山地褐土所处地形部位为中、低山区和石质丘陵区，气温较低，雨量较多，冬长夏短，四季分明，年平均气温 7.0℃左右，年平均降水 600 毫米左右，主要生长着醋柳、胡枝子、狗尾草、蒿属、荆条等草灌植被和一些小面积较稀疏的人工营造油松林。覆盖度为 40%～80%，主要成土母质为砂页岩。

现以耕种土壤土属的土种为例，分别叙述其特征特性。

（1）耕种砂页岩质山地褐土（砂页岩质褐土性土）：本土属面积很小，零星分布于沁县低山山麓地区，沿山麓呈条带状分布。发育在砂页岩风化物的坡积物上。根据土种划分依据，共分耕种沙壤中层多砾砂页岩质山地褐土（代号 221）（耕薄沙泥质立黄土）和耕种轻壤厚层少砾砂页岩质山地褐土（代号 222）（耕薄沙泥质立黄土）两类。

耕种砂页岩质山地褐土肥力较低，地面坡度较大，水土流失严重，而且土体中有石块，质地多为砂壤—中壤，耕性较好，阳离子代换量 8.35me/百克土，主要种植玉米、谷子等作物，通体有石灰反应，呈微碱性，pH 在 8.2 左右。

（2）耕种黄土质山地褐土（黄土质褐土性土）：本土属零星分布于沁县山区的山坡中下部和丘陵梁地上部，沟壑纵横，地块支离破碎，水土流失严重，现多为坡岭梯田，发育在黄土及其堆积物上，根据土种划分依据，本土属只有耕种轻壤厚层黄土质山地褐土（代号 241）（耕二合立黄土）1 个土种，成土母质为第四纪马兰黄土及其次生堆积物。整个土体无明显发育，通体石灰反应强烈，呈微碱性，pH 在 8.2 左右。本土种耕性较好，但土体较干旱，阳离子代换量为 13me/百克土左右，保肥供肥性能较差，养分含量属中等水平。

（3）耕种红黄土质山地褐土（红黄土质褐土性土）：本土属零星分布于西部山区侵蚀较严重的山坡中下部，发育在红黄土母质及其堆积物上。根据土种划分依据将其划分为耕种中壤厚层红黄土质山地褐土（代号 261）（耕二合立黄土）和耕种重壤厚层红黄土质山地褐土（代号 262）（耕二合红立黄土）。耕种中壤厚层红黄土质山地褐土的性态特征同上述耕种黄土质山地褐土。耕种重壤厚层红黄土质山地褐土的性态特征：成土母质为第四纪离石—午城黄土及其堆积物；水土流失较严重，一年一作，主要种植玉米、谷子、小麦。土体无明显的发育，通体石灰反应较强，呈微碱性，pH 为 8.2 左右。该土种表层质地较黏重，土壤抗蚀性较强，但难耕作，易板结，保肥供肥性较强，阳离子代换量在 22me/百克土左右，养分含量属中上等水平。由于质地黏重，春季地温上升慢，发老苗不发小苗。

（4）耕种沟淤山地褐土性土（沟淤褐土性土）：本土属呈树枝状零星分布于西北部山区较宽的山谷中，发育在山谷沟淤母质上。土壤水分条件较好，是山区高产土壤之一。根据土种划分依据划分为：耕种轻壤厚层沟淤山地褐土（代号 271）（沟淤土）和耕种中壤厚层沟淤山地褐土（代号 272）（沟淤土）两类。其成土母质为淤积物，土壤养分属中等水平，土体无明显发育，石灰反应较强，呈微碱性，pH 在 8.0 左右，本土壤耕性较好，0～20 厘米养分含量较高，阳离子代换量在 16me/百克土左右，保肥供肥性较好，适种作物范围较广。

综上 4 个耕种山地褐土土属所述，其特征特性可归纳为下列不利因素和有利条件：不利因素是坡度大，地面不平整，水土流失严重，机械化水平差，耕层较薄，肥力水平较低。部分地块有 10 厘米左右的犁底层，有利条件是土体较厚，质地均匀一致，为轻—中壤，耕性较好，通气透水性较好。今后要在防止水土流失的同时，加强合理深耕培肥、合理种植、合理施肥、提高单产。

3. 褐土性土 褐土性土广泛分布于本县各乡（镇）的土质丘陵区，海拔 1 100 米左右，所处地区的生物气候条件为年平均气温 9℃ 左右，年平均降水量 550～600 毫米，坡度较大，植被稀疏，水土流失严重。地面径流造成土地支离破碎，沟壑纵横交错，梁、峁随处可见，现多数开垦为农田，种植的作物主要有玉米、谷子、高粱、小麦等耐旱性较强的作物。在田间地堰下主要有酸枣、醋柳、枸杞、蒺藜、灰菜、沙蓬、苦苣、狗尾草等旱生草灌植物，在田间路主要栽植有一些杨、柳、刺槐等耐旱性树种。

褐土性土一般发育在第四纪黄土或黄土状母质及洪积物母质上，土层深厚，土质疏松多孔，通透性较好，自然植被较少，因受到地面水、风等侵蚀、切割，表土流失严重，有机质含量低，土壤熟化程度较差，在剖面形态上，无明显的发育特征，层次过渡不明显，质地多为轻壤—重壤。

根据发育的母质和利用情况，划分为 7 个土属。其中自然土壤 3 个土属，耕种土壤 4 个土属。现将耕种土壤分述如下：

（1）耕种黄土质褐土性土（黄土质褐土性土）：本土属分布于沁县广大丘陵区的中上部，为耕种土壤之一，占总耕地面积的 13.0%，主要种植玉米、谷子、高粱。所处地形部位为山坡中上部和丘陵梁地上部，沟壑纵横分布，梁、峁随处可见，现多数修成坡地梯田，成土母质为新生界第四纪马兰黄土及其次生堆积物。根据土种划分依据分为如下 5 个土种：耕种轻壤浅位厚层少料姜黄土质褐土性土（代号 421）；耕种轻壤深位中层少料姜黄土质褐土性土（代号 035）；耕种中壤浅位薄层少料姜黄土质褐土性土（代号 423）；耕种中壤黄土质褐土性土（代号 424）；耕种中壤少料姜黄土质褐土性土（代号 425）。

按 1985 年标准分类，上述 5 类土种统一归并为耕二合立黄土，其性态特征为土体较干旱，阳离子代换量为 14me/百克土左右，保肥供肥性较差，养分含量属中等水平。加之农田建设较差，耕作较粗，地面不平整，有一定程度的水土流失现象，产量水平不高，今后应在加强耕作管理的同时，搞好农田基本建设，结合小流域治理保持水土，增施有机肥，培肥地力。实行抗旱耕作，改善土壤的物理性状，合理施用化肥，注意氮、磷、钾的配合施用，做到科学施肥、科学管理，建成高产稳产的旱作农田。

（2）耕种红黄土质褐土性土（红黄土质褐土性土）：本土属广泛分布于沁县丘陵及山地的中下部，为主要的耕种土壤之一。成土母质为第四纪离石、午城黄土及其堆积物，现多为梯田台地。根据土种划分依据划分为如下 4 个土种。耕种中壤红黄土质褐土性土（代号 441）（耕红立黄土）；耕种中壤少料姜红黄土质褐土性土（代号 442）（耕少姜红立黄土）；耕种中壤浅位中层少料姜红黄土质褐土性土（代号 443）（耕少姜红立黄土）；耕种中壤厚层红黄土质褐土性土（代号 444）（耕红立黄土）。

按 1985 年标准分类，耕种中壤红黄土质褐土性土和耕种中壤厚层红黄土质褐土性土同归类为耕红立黄土，其性态特征是所处地形部位多数在山坡中下部的山地梯田或丘陵上部及中下部的丘陵梯田。地貌支离破碎，沟壑纵横，水土流失严重。土体无明显的发育，通体有不同程度的石灰反应，呈微碱性，pH 在 8.3 左右。耕性较好，土体干旱，保肥供肥性能较好，阳离子代换量一般在 23me/百克土左右。因重产出轻投入，养分含量较低，再加之耕作粗放，地面不平整，有一定程度的水土流失现象。但产量水平较高，今后应在加强管理的同时结合小流域治理，蓄水保土，增施农家肥，培肥地力，合理施用氮、磷肥，使其成为高产的旱作土壤。

按 1985 年标准分类，耕种中壤少料姜红黄土质褐土性土和耕种中壤浅位中层少料姜红黄土质褐土性土同归类为耕少姜红立黄土。其性态特征是水土流失严重，土体无明显的发育，通体石灰反应强烈，呈微碱性，pH 8.1 左右，阳离子代换量一般低于 15me/百克土。一般为一年一作，主要种植玉米、谷子、高粱、小麦等，今后应增施有机肥，改善其理化性状；培肥地力，合理施用化学肥料，补充养分；进行平田整地，修筑梯田，保水固土，逐步培肥成高产土壤。

（3）耕种红土质褐土性土（红黏土）：本土属零星分布于丘陵区的中下部，自然植被主要有蒿属等，发育在第三纪红土及其堆积物上。根据土种划分依据划出耕种中壤浅位厚黏红土质褐土性土（代号 461）（耕小黄红土）1 个耕种土壤，其性态特征是土体发育不明显，通体无石灰反应，呈微碱性，pH 在 8.0 左右。该土种表层质地黏重，耕性差，通透性差，易板结，阳离子代换量一般在 24me/百克土左右，保肥性较好，春季地温回升慢，前期不发苗，后期随气温的升高养分逐步释放，因此作物后期生长较好，今后应注意改良其质地，有条件的应采用客土掺沙改黏，增施热性农家肥，改变其理化性状。小部分坡耕地应加强田面工程，修建水平梯田，合理施用化学肥料。

（4）耕种沟淤褐土性土（沟淤褐土性土）：本土属呈树枝状，分布于本县丘陵沟壑底部的沟坪地上。发育在洪冲积体上，成土母质为淤积物，经多年农田基本建设而改造成农田。根据 1983 年土种划分依据分为 4 个土种：耕种沙壤沟淤褐土性土（代号 471）；耕种轻壤沟淤褐土性土（代号 472）；耕种轻壤厚沙沟淤褐土性土（代号 473）；耕种中壤沟淤褐土性土（代号 474）。

根据 1985 年标准分类，以上 4 个土种统一归并为沟淤土，其性态特征为本土种是山区耕种土壤之一，土层厚度一般在 70 厘米左右，下为基岩层，土体无明显发育，通体有不同程度的石灰反应，呈微碱性，pH 在 7.5 左右。本土种由于所处地形部位较低，水分状况较好，但由于洪水冲积频繁，肥力水平较低，耕层土壤有机质含量一般在 10 克/千克左右，今后应加强农田建设，修筑塘坝，建设高标准农田，同时加强熟化土壤，精耕细作，合理安排作物布局，建设高产稳产农田。

4. 碳酸盐褐土（石灰性褐土）　本亚类是褐土土类的代表性土壤，分布于郭村丘间槽地和浊漳河及其支流的二级阶地上，是沁县高产耕种土壤之一。其所处地形部位较平坦，水利化条件较好，生物气候条件为海拔 950～1 050 米，年平均气温 9.0℃ 左右，无霜期167 天，全年平均降水量 606 毫米左右，年平均蒸发量 1 500 毫米左右，现在均为耕地，无自然植被存在，但在田间地岸上生长有枸杞、黄花铁线莲、曼陀罗、灰菜、画眉草等杂草。由于其所处地形部位和生物气候条件的影响，土壤具有明显的发育层次，心土层有明显碳酸钙淋溶淀积层和上层黏粒被淋溶下移及残积黏化作用而形成的黏化层。根据土种划分依据划分为黄土状碳酸盐褐土（黄土状石灰性褐土）1 个土属，本土属根据 1983 年土种划分依据划分为 4 个土种。耕种沙壤黄土状碳酸盐褐土（代号 511）；耕种轻壤黄土状碳酸盐褐土（代号 512）；耕种中壤黄土状碳酸盐褐土（代号 513）；耕种中壤浅位厚黏化黄土状碳酸盐褐土（代号 514）。

根据 1985 年划分标准，耕种沙壤黄土状碳酸盐褐土、耕种中壤黄土状碳酸盐褐土和耕种中壤浅位厚黏化黄土状碳酸盐褐土同归类为浅黏黄垆土，其性态特征是土体深厚，成土母质为黄土状物质。土壤发育较明显，有一定程度的黏化、钙化现象，通体反应强烈，呈微碱性，pH 在 8.1 左右。该土种所处部位地平水浅，水利化条件好，土壤基本无侵蚀，土壤发育完善，黏化、钙积较明显。现全部为耕地，机械化程度较高，耕层较厚，耕作管理精细，以玉米种植为主。0～20 厘米土层养分含量较高，今后应加强水利建设，做到渠系配套，平整土地，增施农家肥，实行科学配方施肥，建设农田林网，改善农田小气候，合理间作套种，提高土地的复种指数，使其成为高产稳产农田。

耕种轻壤黄土状碳酸盐褐土（二合深黏黄垆土）其性态特征是土体深厚，成土母质为黄土状物质，现全为耕地，多为一年一作或二年三作，主要种植玉米、蔬菜、小麦等作物。土壤发育层次明显，有一定程度的黏化、钙化现象。通体石灰反应强烈，呈微碱性，pH 在 8.0 左右。该土种所处地形部位地势平坦，地平水浅，土体深厚，耕性较好，养分含量高，适种范围广。今后应平整土地，发展水利，搞好渠系配套，增施有机肥，培肥地力，合理轮作倒茬，提高土地利用率，推广配方施肥和模式化栽培技术，做到增产增效。

（二）草甸土（潮土）

草甸土分布于沁县浊漳河及其支流的河漫滩和一级阶地上。多数为农业用地。

沁县草甸土是受生物气候影响较小的隐域性土壤，地下水直接参与土壤的形成过程，而使土壤具有独特的潴育化成土过程，自然土壤之表层具有腐殖化的成土过程和剖面特征。在季节性干旱与降水过程中，地下水位上下移动，底土层经常处于氧化还原状态，土壤中的铁、锰等化合物发生移动或局部淀积、形成明显的锈纹锈斑。草甸土发育在近代河流沉积物上，土体厚度不等，沙、壤、黏、石交错，土体构型排列不一，生长的植物主要为喜湿性的薹草、大车前、芦苇、蒲草等。根据其形成特性，按 1983 年标准划出浅色草甸土1个亚类、3个土属、17个土种。

浅色草甸土（潮土）沁县浅色草甸土是指由于地下水直接参与成土过程，而地表有机质积累少（有机质含量低于10克/千克），颜色较浅的土壤。土体受地下水的影响，氧化还原交替进行，土体下部地下水位变幅范围内具有明显的锈纹锈斑，现根据其利用情况和母质类型，划分为如下3下土属。

（1）浅色草甸土（冲积潮土）：本土属呈树枝状分布于漳河及其支流的河漫滩上，受河水涨落的威胁，至今很少被利用。

（2）耕种浅色草甸土（冲积潮土）：本土属呈树枝状分布于漳河及其支流的一级阶地，地下水位一般为1.0～2.5米，面积78 005亩，占本亚类面积的72.8%。母质为近代河流沉积物，自然植被有大车前、披碱草等。根据土体构型及障碍层次出现部位，分为以下8个土种：

①耕种沙壤夹沙砾浅色草甸土（代号621）（耕沙河漫土）。其性态特征是呈条带状分布于河流一级阶地，地下水位2米左右，土体沉积层次明显，无明显的发育。通体石灰反应强烈，pH在8.5左右，一年一作，主要种植玉米、小麦等。该土种土层薄，质地通体沙性大，耕性好，通透性也较好，漏水漏肥，阳离子代换量在15me/百克土左右。作物生长后期缺肥缺水，再加之耕作粗放，产量水平中下等。应加强耕作管理，在增施有机肥的同时科学施用化肥，有条件的要引洪淤灌，加厚土层，改良土壤，培肥地力。

②耕种沙壤体沙砾浅色草甸土（代号622）（沙潮土）。其性态特征是地下水位一般在1～1.5米，土体受地下水的影响，氧化还原交替进行，土体下部地下水变幅范围内具有明显的锈纹锈斑。该土种在农业利用上为一年一作，在利用改良上应增施有机肥，培肥地力；客土改良质地，防止漏水漏肥；合理轮作倒茬，科学用水，实施配方施肥。

③耕种轻壤浅色草甸土（代号623）（耕二合潮土）。其性态特征是地下水位1～1.5米，地下水直接参与成土过程。表层有机质积累少，颜色较浅。土体中下部受地下水的影响，氧化还原交替进行，具有明显的锈纹锈斑。该土种在农业利用上为一年一作，水分条件好，肥力水平较高，是潮土亚类中的高产土壤。应增施肥料，精耕细作，改良质地，改善通透性；挖引排水渠，修筑防洪坝，科学施肥，改革耕作制度，提高复种指数；推广优良品种，良种良法配套，确保高产稳产，增产增效。

④耕种轻壤夹沙砾浅色草甸土（代号624）（绵潮土）。其性态特征是地下水位在0.6～1.0米，土壤水平沉积层次明显。因地下水位浅，随着季节性的旱涝影响，地下水上下移动，使下部土体经常处于氧化还原交替进行的状态。从而出现锈纹锈斑，是受生物气候的影响较小而受水文地质条件的影响较深的伴水成型土壤，具有独特的成土过程和剖面特征。本土种质地以沙质壤为主，结构为屑粒状—片状—块状。生物活性强，蚯蚓类和植物根较多，石灰反应在耕层较强，向下逐渐减弱；碳酸钙含量较高，在4.8%～11.2%，养分含量低，阳离子代换量6.27～8.19me/百克土，保肥性能差，pH在8.2～8.3，呈微碱性反应；水热状况较好，有机质分解快，积累少；土壤颜色为黄色—灰褐色，通体疏松，土体出现较强的潴育化成土过程。本土种质地较粗，土层较薄，通透性强，保肥力差，地下水位浅，土壤潮湿，宜耕期长，发小苗、不发老苗。

⑤耕种轻壤底沙砾浅色草甸土（代号625）（底沙潮土）。土壤性态特征是地下水位1～2米，成土过程中主要受地下水影响，在季节性干旱和降水的情况下，使底土处于氧化还原交替过程，可溶性氧化铁形成高价铁，出现较明显的锈纹锈斑。该土种耕作层为屑粒状结构，土体疏松，pH在7.8左右，碳酸钙含量在1.2%左右；石灰反应较强，心土层养分含量低于表层，阳离子代换量为10～13me/百克土，供肥、保肥性差，下部出现斑状铁锈。潴育层为沙砾层，漏肥漏水严重。该土种在改良利用上应增施农家肥，氮、磷配合施用；客土改良耕层质地以及结构，培育高产田；兴修水利，渠系配套，达到旱涝保收。

⑥耕种中壤浅色草甸土（代号626）（耕二合潮土）。其性态特征同耕种轻壤浅色草甸土。

⑦耕种中壤体黏浅色草甸土（代号627）（底沙潮土）。其性态特征同耕种轻壤底沙砾浅色草甸土。

⑧耕种重壤浅色草甸土（代号628）（耕二合潮土）。其性态特征同耕种轻壤浅色草甸土、耕种中壤浅色草甸土。

（3）耕种堆垫浅色草甸土（堆垫潮土）：本土属是指人工在河漫滩上的堆垫土壤，零星分布于漳源、定昌、次村、册村等乡（镇）河流的河漫滩上。地下水位一般在1米左右，母质为堆垫物，堆垫层一般大于50厘米。根据不同的土体构型划分为如下4个土种。

①耕种沙壤堆垫浅色草甸土（代号631）（耕二合潮土）。其性态特征同耕种轻壤浅色草甸土、耕种中壤浅色草甸土、耕种重壤浅色草甸土。

②耕种轻壤底黏堆垫浅色草甸土（代号632）（底黏潮土）。其性态特征是地下水位1～3米，其成土过程主要受地下水影响，在季节性的干旱和降水影响下，地下水位上下移动，使心土、底土经常处于氧化还原交替进行状态，出现锈纹锈斑。该土种耕作层为沙质壤土，屑粒状结构，土体疏松，pH在8.5左右，碳酸钙含量1.7%，石灰反应较强，心土层土色为黄褐色，质地为沙质壤土—黏壤土，块状结构，养分含量上部低而下部高，阳离子代换量为13～18me/百克土，下部出现少量斑状铁锈。潴育层质地为壤质黏土，颜色黄褐，养分含量高于心土层而低于表土层，有比较强的潴育化作用。该土种在农业利用上为一年一作，土层厚，土体构型好；耕层为沙质壤土，宜耕期长，心土层的下部和底土层为黏壤土和壤质黏土，能托肥托水，防止养分渗漏淋失。在改良利用上应改善水利，合理排灌，增厚活土层，增施有机肥，实行氮、磷结合，进一步提高产量。

③耕种轻壤底砾石堆垫浅色草甸土（代号633）（底砾堆垫潮土）。其性态特征是地下水位一般在1～2米，在季节性干旱和降水过程中，地下水位上下移动，底土层经常处于氧化还原状态，土壤中的铁化合物发生移动或局部淀积，形成明显的锈纹锈斑。土体较薄，一般为50～60厘米，质地为沙质黏壤土—黏壤土，土色为灰黄—棕黄色，土壤结构为屑粒状—块状，表层疏松，下层紧实，石灰反应不一致，碳酸钙含量2.5%～17.3%，pH 8.1～8.4。因堆垫时间短，熟化程度不高，养分含量低，阳离子代换量在11～15.5me/百克土，保肥供肥性能一般，土体下部为古河床的沙砾层。在改良利用上，应增施有机肥，多耕多耙，促使土壤熟化，因该土种底土层为沙砾易漏水

漏肥，在追肥上应少量多次，减少养分淋失，还应因地制宜开挖排水沟，修防洪坝，确保增产增收。

④耕种中壤堆垫浅色草甸土（代号 634）（二合堆垫潮土）。其性态特征是地下水位1.5～2.5 米，受地下水影响，底土层处于氧化还原的交替过程，低价铁氧化成高价铁，以锈纹锈斑形态淀积于土体下部。该土种表土层为黄褐色，质地为黏壤土，屑粒结构，土体疏松，pH 7.8 左右，石灰反应强烈，碳酸钙含量在 6.8% 左右。心土层为黄褐—灰褐色，土壤质地为黏壤土—壤质黏土，结构为块状—梭状。阳离子代换量为 19～21me/百克土，供肥保肥性一般，下部有少量锈纹锈斑，有潴育层。该土种受人为作用影响大，堆垫厚度超过 50 厘米，但成土时间较短，上下土层分移不明显而且不规则，侵入体较多见，土质较疏松，底层土壤质地较粗，保水保肥性较差。在改良利用上应增施有机肥，加厚活土层，培肥土壤，进一步提高产量（表 3-2）。

表 3-2　沁县主要耕种土种养分含量统计表（平均值）

土种	pH	有机质（克/千克）	全氮（克/千克）	碱解氮（毫克/千克）	有效磷（毫克/千克）	缓效钾（毫克/千克）	速效钾（毫克/千克）	有效铁（毫克/千克）	有效锰（毫克/千克）	有效铜（毫克/千克）	有效锌（毫克/千克）	水溶性硼（毫克/千克）	有效硫（毫克/千克）
冲积潮土	8.15	13.19	0.75	90.82	5.7	770.6	159.4	10.5	16.48	1.39	0.43	13.34	0.34
底沙潮土	8.19	11.69	0.85	87.56	11.33	818.7	161.9	7.79	18.63	1.08	1.02	25.41	0.31
二合堆垫潮土	8.14	14.8	0.83	82.76	8.36	947.8	172.1	8.39	15.52	1.19	0.71	25.44	0.36
二合深黏黄垆土	8.14	14.05	0.82	79.75	8.56	798.3	164.4	7.75	15.22	1.00	0.59	24.85	0.29
耕薄沙泥质立黄土	8.10	13.85	0.95	92.58	8.36	936.7	186.6	8.69	16.26	1.21	0.71	34.97	0.29
耕二合潮土	8.15	14.27	0.81	89.64	8.43	943.9	173.1	7.82	13.82	1.09	0.76	24.56	0.30
耕二合立黄土	8.12	13.54	0.84	83.64	7.89	921.9	152.2	7.32	13.63	0.93	0.67	23.46	0.25
耕红立黄土	8.13	13.68	0.85	84.24	8.32	937.7	167.6	7.04	14.32	0.99	0.66	21.81	0.25
沟淤土	8.20	14.48	0.83	105.1	7.89	968.1	161.9	7.1	13.82	1.31	1.24	25.46	0.18
浅黏黄垆土	8.14	13.26	0.8	88.51	7.71	942.5	150	7.63	14.48	0.88	0.72	22.52	0.25
深黏黄垆土	8.16	14.71	0.88	103.8	3.22	829.4	168.4	8.8	18.05	0.89	0.36	20.9	0.31

注：表 3-2 中数据为 2010—2012 年调查数据。

第二节　土壤的物理性状及其评价

一、耕层质地

土壤质地是指在土壤中各种大小不同的土粒占有的不同比例。土壤质地是土壤的重要物理性质之一，不同的质地对土壤肥力高低、耕层好坏、生产性能的优劣具有很大的影响。

根据卡庆斯基质地分类，粒径大于 0.01 毫米为物理性沙粒，小于 0.01 毫米为物理性黏粒。根据沙黏含量及其比例，主要分为沙土、沙壤、轻壤、中壤、重壤、黏土 6 大类。

沁县土壤质地主要决定于成土母质及发育程度。发育于黄土及黄土状母质上的土壤多为轻壤；发育于红黄土母质上的土壤多为中壤；发育于红土母质上的土壤多为重壤；这几类母质发育的土壤除少数土壤含有不同数量料姜及砾石外，一般通体质地比较均一，各层质地相差不过一级。发育于砂页岩质及残积物母质上的土壤多为沙壤，而且自上而下逐渐变粗，发育好的多为轻壤。发育于冲积、洪积物母质上的土壤，依沉积层次母质的变化而变化。主要耕作土壤质地与母质类型的关系，见表3-3。

表3-3　主要耕作土壤质地与母质类型的关系

母质类型	土壤名称	剖面地点	物理性黏粒（%）					
			表土层		心土层		底土层	
			占比（%）	质地	占比（%）	质地	占比（%）	质地
残积物	耕种砂页岩质山地褐土（砂页岩质褐土性土）	巨良沟	26.54	轻壤	32.18	中壤	38.44	中壤
黄土	耕种黄土质山地褐土（黄土质褐土性土）	龙门	38.79	中壤	44.39	中壤	42.22	中壤
红黄土	耕种红黄土质山地褐土（红黄土质褐土性土）	南庄	35.79	中壤	40.48	中壤	40.48	中壤
红土	耕种红土质褐土性土（红土质褐土性土）	侯家庄	41.53	中壤	64.79	黏土	61.95	黏土
淤积物	耕种沟淤褐土性土（沟淤褐土性土）	安仁	25.64	轻壤	23.30	轻壤	26.41	轻壤
冲积物	耕种浅色草甸土（冲积潮土）	王可	20.87	轻壤	14.91	沙壤	15.49	沙壤

从表3-4可知，本县耕种土壤中壤土面积最大，沙质壤土次之。

表3-4　沁县耕种土壤耕层质地面积统计表

土壤耕层质地	面积（亩）	占总耕地面积（%）
壤土	437 301.84	72.89
沙质壤土	144 808.20	24.14
中壤	9 504.47	1.58
轻壤	2 254.12	0.38
沙土及壤质沙土	745.90	0.12
黏壤土	857.48	0.14
黏土	791.17	0.13
重壤	1 319.03	0.22
重黏土	2 361.76	0.40
合计	599 944.97	100

注：表3-4中数据为2010—2012年调查数据。

壤土：主要分布于本县丘陵和平川，山地、河谷也有分布，占耕种土壤面积的

72.89%。壤土的物理性沙粒大于55%，物理性黏粒小于45%，沙黏适中，孔隙大小比例适当，通透性好，保水保肥，养分含量丰富，有机质分解快，供肥性好，耕作便利，宜耕期长，耕作质量好，发小苗也发老苗，水、肥、气、热较协调，是农业上比较理想的土壤。

沙质壤土：主要分布于山地和漳河及其河流两岸的河漫滩与一级阶地上，占耕地总面积的24.14%。沙质壤土物理性沙粒高达80%以上，土质较沙，疏松易耕，粒间孔隙度大，通透性好，但保水保肥性能差，抗旱力弱，发小苗、不发老苗。

二、土体构型

土体构型是指整个土体各个层次的排列组合关系，它对土壤水、肥、气、热等各个肥力因素有制约和调节作用，特别对土壤水、肥贮藏与流失有较大影响。良好的土体构型是土壤肥力的基础，沁县土壤的土体构型可分为4大类。

1. 通体型 土体较厚，剖面上下质地基本均匀，叫通体型。在沁县可分为3种情况：①通体壤质型。发育于黄土及黄土状物质上的土壤多属此型，其特点是土体深厚，上下均匀，多为轻壤和中壤，保水保肥、供水供肥性能较好，土温变化不大，水、肥、气、热诸因素之间的关系较为协调。②通体沙质型。发育于河流冲积物上的土壤多属此型，特点是土体较厚，质地沙壤，总空隙少，土温变化大，保水保肥、供水供肥性能较差。③通体黏质型。发育于红土母质上的土壤属此类型，其特点是土体较厚而紧硬，土壤耕性不良，土温变化小，通透性差，保水保肥能力强而供水供肥能力弱。

2. 薄层型 土体厚度<30厘米。沁县可分为2个亚型：山地薄层型，发育于残积物母质上的土壤；河滩薄层型，分布于河流两侧的河漫滩及一级阶地的薄层土壤，土壤下面是河卵石，漏水漏肥严重，因而也叫漏沙型。其共同特点是：土体较薄，多夹有砾石或岩屑，保肥水能力差，土温变化大，水、肥、气、热等因素之间的关系不协调。山地薄层土壤多为自然土壤，河滩薄层土壤一般为耕作土壤，但漏水漏肥、产量很低。

3. 夹层型 土体中间夹有较为悬殊的质地，称为夹层型。沁县分为3个亚型：一是夹沙型；二是夹沙砾型（发育于冲积母质上有此类型土壤）；三是夹料姜型（发育于黄土、红黄土母质上的土壤有此类型）。

土壤中夹沙、夹沙砾、夹料姜都属障碍层次，影响作物生长和土壤肥力水平。

4. 蒙金型 是一种较好的土体构型。沁县此构型主要是在轻壤以下埋藏着红土或红黄土，上层耕性好，易捉苗，下层保水保肥，供水供肥能力强。

根据土体构型对土壤水、肥、气、热各个肥力因素制约和调节作用，又可将上述土体构型划分为三等：通体壤质型、蒙金型为第一等质地构型；夹沙、夹料姜、夹沙砾和通体黏质型为第二等质地构型；漏沙型和通沙型为第三等质地构型。后两种质地构型的共同特点是：土体中缺乏有机、无机胶体，有机质分解释放快，水肥流失严重，土温变化快，应采取引洪淤积或人工堆垫的办法来改良土壤。

沁县质地构型的好坏依次为：通体型—夹层型—薄层型—蒙金型；通体型内质地构型的好坏依次为：通壤型—通沙型—通黏型。

三、土壤结构

构成土壤骨架的矿物质颗粒，在土壤中并非彼此孤立、毫无相关的堆积在一起，而往往是受各种作物胶结成形状不同、大小不等的团聚体。各种团聚体和单粒在土壤中的排列方式称为土壤结构。

土壤结构关系着土壤水、肥、气、热状况的协调，土壤微生物的活动、土壤耕性和作物根系的伸展，是影响土壤肥力的重要因素。

沁县土壤结构的主要类型有屑粒结构、团粒结构、碎块状结构、片状结构。其性状特征如下：

1. 屑粒结构 指团聚体<0.25毫米的微团粒结构，它可以直接调节土壤肥力，同时也是形成团粒结构的基础。

2. 团粒结构 是良好的土壤结构类型。其团聚体为近似圆球状的土团。其粒径在0.25～10毫米，农业生产中最理想的粒径为2～3毫米。团粒结构又分为水稳性团粒结构和非水稳性团粒结构，经过较长时间水浸或经受微水力冲击仍不散开称为水稳性团粒结构，否则称为非水稳性团粒结构。

3. 块状结构 土粒胶结成块，团聚体长、宽、高大体近似，呈不规则形状，大小不一，俗称为"坷垃"。

4. 片状结构 团聚体的水平轴特别发达，即沿长、宽方向发展呈片状。片状结构在地表出现，俗称"坷垃"，出现在耕作层下时，俗称"犁底层"，它影响通透性，是一种不良的结构。

沁县表层土壤结构类型面积分布情况是：屑粒结构>团粒结构>碎块状结构>片状结构，自然土壤中只有屑粒结构和碎块状结构，耕作土壤中土壤结构类型面积的分布情况是：屑粒结构>团粒结构>片状结构>碎块状结构，大部分耕作土壤为屑粒结构，其次是团粒结构，发育不良的土壤有碎块状或片状结构，心土层和底土层多为块状结构。

沁县土壤的不良结构主要有：①板结。在雨后或灌溉后极易形成板结。板结形成的原因是细黏粒含量较高，有机质含量少，形不成水稳性团聚体结构所致。轻壤、中壤形成板结的原因是由于土壤质地较细较均匀；重壤形成板结的原因是由于土壤的黏粒较多；沙壤形成板结的原因是土壤中缺乏有机质。②坷垃。坷垃是在质地黏重的土壤（红土、红黄土）上易产生的不良结构。其原因是土壤缺乏有机质，宜耕期短，耕作不及时所造成。坷垃多时由于相互支撑，增大孔隙，透风跑墒，促使土壤水分蒸发，并影响播种质量，造成露籽、压苗或形成吊根，妨碍根系穿插。改良方法首先是大量施用有机肥料和掺沙改黏；其次应掌握耕期，及时进行耕耙，使其粉碎。③犁底层。犁底层是在长期耕作过程中，由于机械、水力和重力作用在活土层形成的一层比较坚实的层次，影响通气透水和作物根系生长，改良方法是交替深耕。

四、土壤容重

土壤容重是指单位体积（包括粒间孔隙体积）绝对干燥的土壤的重量，常用单位是克/厘米³。

沁县土壤表层容重变化范围为 1.0～1.4 克/厘米³，不同的土壤类型有不同的土壤容重，自然土壤的容重较低，变化范围为 1.12～1.43 克/厘米³，加权平均值为 1.15 克/厘米³；耕种土壤由于表层有机质含量低，容重比自然土壤高，一般在 1.04～1.46 克/厘米³，加权平均值为 1.26 克/厘米³。不同土壤类型的容重也不同，不同母质发育的土壤容重也不一样（表 3-5、表 3-6）。

表 3-5　沁县不同土壤类型的容重和孔隙度

土壤亚类名称（1983 年标准）	土壤亚类名称（1985 年标准）	容重（克/厘米³）	容重众数值（克/厘米³）	孔隙度平均值（%）	孔隙度众数值（%）
淋溶褐土	淋溶褐土	1.3	1.3～1.4	47.5	47.5～80.0
山地褐土	褐土性土	1.1	1.1～1.4	55.6	44.5～58.5
褐土性土		1.0	1.0～1.1	61.7	56.2～60.8
碳酸盐褐土	黄土状石灰性褐土	1.0	—	60.9	—
浅色草甸土	潮土	1.4	1.3～1.6	46.0	36.5～50.2

表 3-6　不同母质发育的土壤和孔隙度

母质类型	容重（克/厘米³）	容重众数值（克/厘米³）	孔隙度平均值（%）	孔隙度众数值（%）
砂页岩	1.0	1.0～1.4	58.9	45.7～61.2
黄 土	1.5	1.1～1.4	41.6	44.8～57.4
红黄土	1.0	0.9～1.1	61.1	57.7～65.91
红 土	1.1		56.2	

五、土壤孔隙

土壤中贯穿着很多大小不一、弯弯曲曲的孔洞，称为土壤孔隙。它不仅制约着土体中水、肥、气、热的动态变化和土壤的耕作性能，并且直接影响作物出苗和根系的生长，对土壤肥力，作物生长以及农业生产效率的提高都具有重要意义。

土壤孔隙度的状况取决于土壤质地、结构、土壤有机质、土粒排列方式及人为因素等，黏土孔隙多而小，通透性差；沙质土孔隙少而粒间孔隙大，通透性强；壤土则孔隙大小比例适中。土壤孔隙可分为 3 种类型：①无效孔隙。孔隙直径小于 0.001 毫米，作物根毛难于伸入，为土壤结合水充满，孔隙中水分被土粒强烈吸附，故不能被植物吸收利用，水分不能移动也不通气，对作物来说是无效孔隙。②毛管孔隙。孔隙直径在 0.001～0.1 毫米，具有毛管作用，水分可借毛管作用，保持贮存状态，并靠毛管作用上下左右移动，对作物是有效水分。③非毛细管孔隙。即孔隙直径大于 0.1 毫米的大孔隙，不具毛管作用，不保持水分，为通气孔隙，直接影响土壤通气、透水和排水能力。

土壤孔隙一般在 30%～60%，对农业生产来说，土壤孔隙以稍大于 50% 为好，无效孔隙尽量少些，非毛管孔隙以 1% 以上为佳，若小于 5% 则通气、透水性能不良。

沁县土壤孔隙度在 45%～60%。其中自然土壤为 44%～58%，耕种土壤为 44%～61%。

第三节　土壤化学性状及其评价

一、有机质及大量元素

土壤大量元素背景值的表达方式以各统计单元养分汇总结果的算术平均值和标准差以及变异系数来表示。单位：有机质、全氮用克/千克表示，有效磷、速效钾、缓效钾用毫克/千克表示。

土壤有机质、全氮、有效磷、速效钾、缓效钾等以《山西省耕地土壤养分含量分级参数表》为标准各分 6 个级别。

（一）含量与分布

1. 有机质　沁县耕地土壤有机质含量变化为 5.67～25.88 克/千克，平均值为 13.71 克/千克，属省四级水平。

（1）不同行政区域：杨安乡最高，平均值为 15.36 克/千克；其次是次村乡，平均值为 14.79 克/千克；最低是松村乡，平均值为 12.75 克/千克。

（2）不同地形部位：山地丘陵、中下部的缓坡地段，地面有一定坡度最高，平均值为 14.07 克/千克；其次是沟谷、梁、峁、坡，平均值为 13.77 克/千克；最低是黄土垣、梁，平均值为 13.23 克/千克。

（3）不同母质：人工堆垫物最高，平均值为 14.13 克/千克；其次是坡积物，平均值为 13.92 克/千克；最低是冲积物，平均值为 13.58 克/千克。

（4）不同土壤类型：石灰性褐土最高，平均值为 13.82 克/千克；黄土质褐土性土最低，平均值为 13.08 克/千克。

2. 全氮　沁县耕地土壤全氮含量变化为 0.46～1.73 克/千克，平均值为 0.83 克/千克，属省四级水平。

（1）不同行政区域：次村乡最高，平均值为 1.01 克/千克；其次是杨安乡，平均值为 0.94 克/千克；最低是南里乡，平均值为 0.72 克/千克。

（2）不同地形部位：山地、丘陵中下部的缓坡地段，地面有一定坡度最高，平均值为 0.87 克/千克；其次是沟谷、梁、峁、坡，平均值为 0.84 克/千克；最低是黄土垣、梁，平均值为 0.82 克/千克。

（3）不同母质：残积物最高，平均值为 0.89 克/千克；其次是黄土母质，平均值为

0.84 克/千克；最低是风沙沉积物，平均值为 0.72 克/千克。

（4）不同土壤类型：红黄土质褐土性土最高，平均值为 0.84 克/千克；黄土质褐土性土最低，平均值为 0.81 克/千克。

3. 有效磷 沁县耕地土壤有效磷含量变化为 2.36～25.10 毫克/千克，平均值为 8.11 毫克/千克，属省五级水平。

（1）不同行政区域：故县镇最高，平均值为 9.54 毫克/千克；其次是漳源镇，平均值为 9.32 毫克/千克；最低是牛寺乡，平均值为 5.85 毫克/千克。

（2）不同地形部位：山地丘陵中下部的缓坡地段，地面有一定坡度最高，平均值为 8.17 毫克/千克；其次是丘陵低山中、下部及平坦地，平均值为 8.14 毫克/千克；最低是沟谷、梁、峁、坡，平均值为 7.77 毫克/千克。

（3）不同母质：冲积物最高，平均值为 8.63 毫克/千克；其次是黄土母质，平均值为 8.09 毫克/千克；最低是坡积物，平均值为 7.20 毫克/千克。

（4）不同土壤类型：红黄土质褐土性土最高，平均值为 8.26 毫克/千克；石灰性褐土最低，平均值为 8.06 毫克/千克。

4. 速效钾 沁县耕地土壤速效钾含量变化为 99.37～364.53 毫克/千克，平均值为 166.58 毫克/千克，属省三级水平。

（1）不同行政区域：次村乡最高，平均值为 202.74 毫克/千克；其次是新店镇，平均值为 188.94 毫克/千克；最低是郭村镇，平均值为 131.24 毫克/千克。

（2）不同地形部位：沟谷、峁、梁、坡最高，平均值为 177.99 毫克/千克；其次是山地丘陵中、下部的缓坡地段，地面有一定坡度，平均值为 173.95 毫克/千克；最低是河流一级、二级阶地，平均值为 157.22 毫克/千克。

（3）不同母质：风沙沉积物最高，平均值为 187.92 毫克/千克；其次是人工淤积物，平均值为 178.02 毫克/千克；最低是坡积物，平均值为 11.77 毫克/千克。

（4）不同土壤类型：红黄土质褐土性土最高，平均值为 173.19 毫克/千克；石灰性褐土最低，平均值为 146.33 毫克/千克。

5. 缓效钾 沁县耕地土壤缓效钾含量变化变化为 317.52～1357.11 毫克/千克，平均值为 990.31 毫克/千克，属省二级水平。

（1）不同行政区域：次村乡平均值最高，为 1 048.69 毫克/千克；其次是新店镇，平均值为 1 045.64 毫克/千克；最低是郭村镇，平均值为 902.35 毫克/千克。

（2）不同地形部位：最高是山地丘陵下部的缓坡地段，有一定的坡度，平均值为 1 004.25 毫克/千克；其次是丘陵低山中、下部及平坦地，平均值为 997.39 毫克/千克；最低是河流一级、二级阶地，平均值为 968.76 毫克/千克。

（3）不同母质：风沙沉积物最高，平均值为 1 045.57 毫克/千克；其次是人工堆垫物平均值为 1 007.74 毫克/千克；最低是冲积物，平均值为 983.97 毫克/千克。

（4）不同土壤类型：红黄土质褐土性土最高，平均值为 1 007.07 毫克/千克；黄土状石灰性褐土最低，平均值为 943.42 毫克/千克。

山西省沁县耕地土壤养分（大量元素）含量分类统计见表 3-7。

表3-7 山西省沁县耕种土壤养分（大量元素）含量分类统计表

类 别		有机质（克/千克）		全氮（克/千克）		有效磷（毫克/千克）		速效钾（毫克/千克）		缓效钾（毫克/千克）	
		平均值	区域值	平均值	区域值	平均值	区域值	平均值	区域值	平均值	区域值
行政区域	定昌镇	13.56	9.63~18.64	0.80	0.53~1.26	8.70	3.90~18.40	157.52	110.80~288.84	1 012.74	720.58~1 243.58
	郭村镇	13.71	8.97~19.63	0.83	0.62~1.13	7.57	3.68~13.73	131.24	104.27~193.47	902.35	640.86~1 199.95
	故县镇	14.60	10.34~22.65	0.77	0.47~1.50	9.54	2.58~24.72	144.31	107.53~288.84	1 004.75	780.37~1 229.38
	新店镇	13.55	9.30~19.63	0.75	0.49~1.20	8.63	3.68~23.40	188.94	133.67~288.84	1 045.64	740.51~1 271.96
	漳源镇	13.66	8.64~19.96	0.84	0.52~1.44	9.32	3.68~25.10	148.92	99.37~240.20	937.39	660.79~1 342.92
	册村镇	13.37	8.31~24.96	0.90	0.60~1.42	6.78	3.68~15.43	145.83	104.27~227.14	957.84	740.51~1 229.38
	段柳乡	13.30	7.65~19.30	0.78	0.55~1.11	7.32	3.46~20.76	169.38	114.07~326.88	940.54	760.44~1 357.11
	松村乡	12.75	7.65~17.32	0.84	0.58~1.11	8.43	3.90~15.76	176.62	123.87~236.94	988.36	720.58~1 328.73
	次村乡	14.79	7.98~21.66	1.01	0.75~1.38	7.84	3.46~22.08	202.74	136.94~326.69	1 048.69	800.30~1 271.96
	牛寺乡	11.79	5.67~25.88	0.81	0.57~1.73	5.85	2.36~13.40	145.00	101.00~345.61	935.32	317.52~1 300.35
	南里乡	13.47	7.65~18.97	0.72	0.46~1.20	7.65	3.46~17.41	168.90	117.34~260.46	970.92	566.80~1 215.19
	南泉乡	13.45	8.64~18.97	0.93	0.70~1.22	8.52	4.56~17.41	174.57	120.60~260.46	1 026.35	620.93~1 328.73
	杨安乡	15.36	10.34~25.88	0.94	0.49~1.64	7.43	3.46~16.75	179.01	120.60~364.53	1 020.32	760.44~1 271.96
土壤类型	冲积潮土	13.81	7.32~22.98	0.82	0.47~1.73	7.99	2.36~25.10	162.90	101.00~345.61	976.31	317.52~1 271.96
	冲积石灰性新积土	12.59	7.98~25.88	0.77	0.57~1.38	8.41	3.02~23.07	157.01	110.80~233.67	969.78	700.65~1 300.35
	堆垫潮土	14.13	11.33~16.99	0.84	0.72~0.98	7.21	4.78~12.41	165.87	136.94~190.20	945.77	700.65~1 180.02
	沟淤褐土性土	13.41	7.65~18.97	0.81	0.57~1.19	8.19	4.56~21.09	169.30	114.07~227.14	994.87	566.80~1 300.35
	红黄土质褐土性土	13.81	6.66~21.66	0.84	0.49~1.50	8.26	3.02~23.40	173.19	104.27~326.69	1 007.07	620.93~1 357.11
	红黏土	14.35	9.63~19.63	0.81	0.46~1.34	8.17	3.46~18.40	170.06	107.53~260.46	1 018.45	740.51~1 229.38
	黄土质褐土性土	13.08	5.67~22.65	0.81	0.47~1.42	8.07	2.58~24.72	164.68	101.00~269.92	980.80	550.20~1 300.35
	黄土质淋溶褐土	12.72	10.67~15.34	0.83	0.67~1.04	6.54	3.68~11.09	140.77	120.60~164.07	987.68	780.37~1 080.37
	黄土状石灰性褐土	13.82	7.98~19.63	0.83	0.52~1.22	8.06	3.68~23.73	146.33	99.37~326.69	943.42	640.86~1 257.77
	沙泥质中性稻青土	13.81	8.64~20.34	0.86	0.58~1.64	7.62	3.68~19.72	157.23	107.53~326.69	972.24	384.20~1 300.35
	砂页岩质褐土性土	14.61	9.63~25.88	0.91	0.55~1.64	8.20	2.80~17.41	170.72	110.80~364.53	1 000.15	700.65~1 328.73

（续）

类 别		有机质（克/千克）		全氮（克/千克）		有效磷（毫克/千克）		速效钾（毫克/千克）		缓效钾（毫克/千克）	
		平均值	区域值	平均值	区域值	平均值	区域值	平均值	区域值	平均值	区域值
地形部位	沟谷、梁、峁、坡	13.77	7.98~24.96	0.84	0.55~1.34	7.77	3.46~15.10	177.99	114.07~298.31	979.36	700.65~1243.58
	河流一级、二级阶地	13.57	6.66~25.88	0.82	0.47~1.64	8.06	2.36~25.10	157.22	99.37~326.69	968.76	384.20~1342.92
	黄土垣、梁	13.23	9.63~17.65	0.82	0.60~1.22	7.97	3.90~21.09	155.86	114.07~250.00	971.54	700.65~1199.95
	丘陵低山中、下部及平坦地	13.71	5.67~25.59	0.83	0.46~1.73	8.14	2.36~23.73	169.07	104.27~355.07	997.39	317.52~1357.11
	山地丘陵下部的缓坡地段，有一定的坡度	14.07	8.64~25.88	0.87	0.49~1.64	8.17	2.80~19.39	173.95	114.07~364.53	1004.25	700.65~1300.35
土壤母质	残积物	13.69	6.66~19.96	0.89	0.63~1.32	7.57	3.68~13.07	172.50	120.60~260.46	999.13	640.86~1180.02
	人工堆垫物	14.13	8.64~17.65	0.77	0.57~1.08	7.75	3.90~18.40	173.89	120.60~236.94	1007.73	760.44~1215.92
	人工淤积物	14.13	11.00~17.65	0.85	0.58~1.15	7.41	5.00~11.09	178.02	140.20~210.80	990.56	880.02~1160.09
	坡积物	13.92	8.64~18.97	0.86	0.58~1.17	7.20	3.02~11.09	161.77	107.53~217.34	1072.35	840.16~1300.35
	黄土母质	13.67	5.67~25.88	0.84	0.46~1.73	8.09	2.36~25.10	165.57	99.37~364.53	987.47	317.52~1342.92
	冲积物	13.58	7.65~18.64	0.78	0.53~1.24	8.63	3.68~23.40	164.21	107.53~326.69	983.97	660.79~1357.11
	风沙沉积物	13.80	9.96~19.63	0.72	0.49~0.96	7.82	4.34~15.10	187.92	114.07~260.46	1045.57	740.51~1271.96

（二）分级论述

山西省耕地地力土壤养分分级参数见表 3-8。

表 3-8　山西省耕地地力土壤养分分级参数表

级　别	I	II	III	IV	V	VI
有机质（克/千克）	>25.00	20.01～25.00	15.01～20.01	10.01～15.01	5.01～10.01	≤5.01
全　氮（克/千克）	>1.50	1.201～1.50	1.001～1.201	0.701～1.001	0.501～0.701	≤0.501
有效磷（毫克/千克）	>25.00	20.01～25.00	15.1～20.01	10.1～15.01	5.01～10.01	≤5.01
速效钾（毫克/千克）	>250	201～250	151～201	101～151	51～101	≤51
缓效钾（毫克/千克）	>1 200	901～1 200	601～901	351～601	151～351	≤151

1. 有机质

I级　有机质含量＞25.00 克/千克，面积 60.51 亩，占总耕地面积的 0.01%。零星分布于牛寺乡和杨安乡。

II级　有机质含量为 20.01～25.00 克/千克，面积为 1 784.80 亩，占总耕地面积的 0.30%。

III级　有机质含量为 15.01～20.01 克/千克，面积为 123 555.21 亩，占总耕地面积的 20.59%。

IV级　有机质含量为 10.01～15.01 克/千克，面积为 456 968.39 亩，占总耕地面积的 76.17%。

V级　有机质含量为 5.01～10.01 克/千克，面积为 17 575.06 亩，占总耕地面积的 2.93%。

VI级　有机质含量为≤5.01 克/千克，全县无分布。

沁县耕种土壤有机质含量分级统计见表 3-9。

表 3-9　沁县耕种土壤有机质含量分级统计表

单位：亩

乡（镇）	I	II	III	IV	V	VI
定昌镇	—	—	12 894.51	42 201.86	349.42	—
郭村镇	—	—	8 398.82	38 519.82	382.76	
故县镇	—	502.01	21 067.30	47 991.82	—	
新店镇	—	—	17 944.80	67 729.51	1 341.65	
漳源镇	—	—	8 112.58	40 808.89	2 253.13	
册村镇	—	59.38	5 285.14	52 003.44	2 223.21	
段柳乡	—	—	15 170.34	39 777.61	432.78	
松村乡	—	—	2 321.20	36 011.76	2 395.73	
次村乡	—	108.99	11 670.94	12 055.09	291.77	
牛寺乡	41.13	460.66	2 861.36	19 810.25	6 388.90	
南里乡			7 331.87	29 794.09	1 377.05	
南泉乡	—	—	1 939.71	13 621.87	138.66	
杨安乡	19.38	653.76	8 556.64	16 642.38	—	

2. 全氮

Ⅰ级　全氮含量＞1.50克/千克，面积为183.28亩，占总耕地面积的0.03％。零星分布于牛寺乡和杨安乡。

Ⅱ级　全氮含量为1.201～1.50克/千克，面积为3 489.10亩，占总耕地面积的0.58％。

Ⅲ级　全氮含量为1.001～1.201克/千克，面积为33 202.88亩，占总耕地面积的5.53％。

Ⅳ级　全氮含量为0.701～1.001克/千克，面积为463 532.74亩，占总耕地面积的77.26％。

Ⅴ级　全氮含量为0.501～0.701克/千克，面积为99 377.85亩，占总耕地面积的16.57％。

Ⅵ级　全氮含量为≤0.501克/千克，面积为158.12亩，占总耕地面积的0.03％。

沁县耕种土壤全氮含量分级统计见表3-10。

表3-10　沁县耕种土壤全氮含量分级统计表

单位：亩

乡（镇）	Ⅰ	Ⅱ	Ⅲ	Ⅳ	Ⅴ	Ⅵ
定昌镇	—	72.18	126.72	50 498.30	4 748.59	—
郭村镇	—	—	3 907.81	40 444.29	2 949.30	—
故县镇	—	376.32	1 641.25	48 526.52	18 955.32	61.72
新店镇	—	188.52	61 664.16	25 114.83	82.09	
漳源镇	—	430.51	1 878.24	42 172.74	6 693.11	—
册村镇	—	219.39	2 585.94	55 500.51	1 265.33	—
段柳乡			2 057.93	45 520.58	7 802.22	
松村乡	—	—	580.85	34 723.90	5 423.94	
次村乡		920.59	10 436.77	12 769.43	—	
牛寺乡	145.87	396.43	897.09	20 535.13	7 587.78	
南里乡	—	—	616.66	20 035.12	17 817.59	
南泉乡		4.73	2 242.95	13 444.66	7.90	—
杨安乡	37.41	1 068.95	6 042.15	17 697.40	1 011.94	14.31

3. 有效磷

Ⅰ级　有效磷含量＞25.00毫克/千克。面积为95.06亩，占总耕地面积的0.02％。主要分布于漳源镇。

Ⅱ级　有效磷含量为20.01～25.00毫克/千克。面积为2 332.94亩，占总耕地面积的0.39％。

Ⅲ级　有效磷含量为15.01～20.01毫克/千克。面积为14 154.53亩，占总耕地面积的2.36％。

Ⅳ级 有效磷含量为10.01～15.01毫克/千克。面积为101 827.54亩,占总耕地面积的16.97%。

Ⅴ级 有效磷含量为5.01～10.01毫克/千克。面积为435 432.61亩,占总耕地面积的72.58%。

Ⅵ级 有效磷含量为≤5.01毫克/千克。面积为46 101.29亩,占总耕地面积的7.68%。

沁县耕种土壤有效磷含量分级统计见表3-11。

表3-11 沁县耕种土壤有效磷含量分级统计表

单位:亩

乡(镇)	Ⅰ	Ⅱ	Ⅲ	Ⅳ	Ⅴ	Ⅵ
定昌镇	—	—	1 128.25	10 165.17	42 915.22	1 237.15
郭村镇	—	—	—	6 419.56	38 094.15	2 787.69
故县镇	—	1 855.46	7 404.35	23 793.52	34 106.62	2 401.18
新店镇	—	168.55	1 192.42	15 490.96	66 379.47	3 784.56
漳源镇	95.06	171.36	2 194.59	16 392.42	28 454.33	3 866.84
册村镇	—	—	1.1	2 746.13	51 368.17	5 455.77
段柳乡	—	136.61	1 142.16	4 563.69	46 925.08	2 613.19
松村乡	—	—	261.38	8 359.95	30 138.41	1 968.95
次村乡	—	0.96	77.13	3 069.40	18 975.66	2 003.64
牛寺乡	—	—	—	839.10	16 978.06	11 745.14
南里乡	—	—	131.78	4 947.52	27 956.74	5 466.97
南泉乡	—	—	180.09	2 701.57	12 701.50	117.08
杨安乡	—	—	441.28	2 338.55	20 439.20	2 653.13

4. 速效钾

Ⅰ级 速效钾含量>250毫克/千克。面积为1 941.32亩,占总耕地面积的0.32%。

Ⅱ级 速效钾含量为201～250毫克/千克。面积为46 015.85亩,占总耕地面积的7.67%。

Ⅲ级 速效钾含量为151～201毫克/千克。面积为306 259.86亩,占总耕地面积的51.05%。

Ⅳ级 速效钾含量为101～151毫克/千克。面积为245 562.23亩,占总耕地面积的40.93%。

Ⅴ级 速效钾含量为51～101毫克/千克。面积为164.71亩,占总耕地面积的0.03%。主要分布于漳源镇。

Ⅵ级 速效钾含量为≤51毫克/千克,全县无分布。

沁县耕种土壤速效钾含量分级统计见表3-12。

表 3 - 12　沁县耕种土壤速效钾含量分级统计表

单位：亩

乡（镇）	Ⅰ	Ⅱ	Ⅲ	Ⅳ	Ⅴ	Ⅵ
定昌镇	36.65	367.92	35 638.17	19 403.05	—	—
郭村镇	—	—	2 840.87	44 460.53	—	—
故县镇	9.2	285.59	17 945.66	51 320.68	—	—
新店镇	120.60	18 459.79	66 508.76	1 926.81	—	—
漳源镇	—	1 024.32	17 567.96	32 429.70	152.62	—
册村镇	—	253.69	19 931.96	39 385.52	—	—
段柳乡	260.33	1 822.39	43 455.69	9 842.32	—	—
松村乡	—	2 490.76	31 760.92	6 477.01	—	—
次村乡	446.38	13 084.96	10 561.04	34.41	—	—
牛寺乡	159.86	1 359.72	5 466.13	22 564.50	12.09	—
南里乡	1.96	3 703.97	22 552.70	12 244.38	—	—
南泉乡	98.57	2 006.88	11 238.50	2 356.29	—	—
杨安乡	807.77	1 155.86	20 791.50	3 117.03	—	—

5. 缓效钾

Ⅰ级　缓效钾含量＞1 200 毫克/千克。面积为 6 997.36 亩，占总耕地面积的 1.17%。

Ⅱ级　缓效钾含量为 901～1 200 毫克/千克。面积为 443 737.33 亩，占总耕地面积的 74%。

Ⅲ级　缓效钾含量为 601～901 毫克/千克。面积为 149 005.71 亩，占总耕地面积的 24.8%。

Ⅳ级　缓效钾含量为 351～601 毫克/千克。面积为 63.99 亩，占总耕地面积的 0.01%。

Ⅴ级　缓效钾含量为 151～351 毫克/千克。面积为 139.58 亩，占总耕地面积的 0.02%。

Ⅵ级　缓效钾含量为≤151 毫克/千克，全县无分布。

沁县耕种土壤缓效钾含量分级统计见表 3 - 13。

表 3 - 13　沁县耕种土壤缓效钾含量分级统计表

单位：亩

乡（镇）	Ⅰ	Ⅱ	Ⅲ	Ⅳ	Ⅴ	Ⅵ
定昌镇	557.93	38 766.85	16 121.01	—	—	—
郭村镇	—	18 493.71	28 807.69	—	—	—
故县镇	471.60	64 251.03	4 838.50	—	—	—
新店镇	2 484.08	80 339.17	4 192.71	—	—	—
漳源镇	375.38	29 995.05	20 804.17	—	—	—
册村镇	383.14	45 642.48	13 545.55	—	—	—
段柳乡	478.72	35 510.98	19 391.03	—	—	—
松村乡	662.50	27 379.62	12 686.57	—	—	—

（续）

乡（镇）	I	II	III	IV	V	VI
次村乡	283.07	23 071.12	772.60	—	—	—
牛寺乡	910.48	13 231.72	15 248.12	32.40	139.58	—
南里乡	16.66	28 341.27	10 113.49	31.59	—	—
南泉乡	313.29	13 764.69	1 622.26	—	—	—
杨安乡	60.51	24 949.64	862.01	—	—	—

二、中量元素

中量元素背景值的表达方式以各统计单元养分汇总结果的算术平均值和标准差来表示。单位：用毫克/千克来表示。

（一）含量与分布

有效硫　沁县耕种土壤养分（有效硫）分类统计见表 3-14。

沁县耕地土壤有效硫含量变化变化为 8.97～96.67 毫克/千克，平均值为 24.98 毫克/千克，属省五级水平。

（1）不同行政区域：杨安乡最高，平均值为 36.68 毫克/千克；其次是新店镇，平均值为 28.41 毫克/千克；最低是册村镇，平均值为 19.99 毫克/千克。

（2）不同地形部位：黄土垣、梁最高，平均值为 25.85 毫克/千克；其次丘陵低山中、下部及平坦地，平均值为 25.32 毫克/千克；最低是沟谷、梁、峁、坡，平均值为 23.88 毫克/千克。

（3）不同母质：坡积物最高，平均值为 29.69 毫克/千克；其次是残积物，平均值为 27.20 毫克/千克；最低是冲积物，平均值为 24.67 毫克/千克。

（4）不同土壤类型：潮土最高，平均值为 25.08 毫克/千克；石灰性褐土最低，平均值为 23.43 毫克/千克。

表 3-14　沁县耕种土壤养分（有效硫）分类统计表

类　别		有效硫（毫克/千克）	
		平均值	区域值
行政区域	定昌镇	24.54	10.49～66.73
	郭村镇	21.98	9.73～41.70
	故县镇	23.75	8.97～63.41
	新店镇	28.41	12.96～63.41
	漳源镇	24.92	12.00～70.06
	册村镇	19.99	9.35～38.38
	段柳乡	24.27	11.62～56.75
	松村乡	27.11	9.73～66.73
	次村乡	20.80	10.49～45.02

（续）

类 别		有效硫（毫克/千克）	
		平均值	区域值
行政区域	牛寺乡	24.36	10.11～43.36
	南里乡	20.72	10.87～35.06
	南泉乡	22.91	9.73～36.72
	杨安乡	36.68	19.84～96.67
土壤类型	冲积潮土	25.08	8.97～96.67
	冲积石灰性新积土	25.41	14.68～38.38
	堆垫潮土	23.63	13.82～40.04
	沟淤褐土性土	34.51	9.73～63.41
	红黄土质褐土性土	24.36	10.49～66.73
	红黏土	27.42	10.87～70.06
	黄土质褐土性土	24.59	10.87～76.71
	黄土质淋溶褐土	14.52	10.87～23.28
	黄土状石灰性褐土	23.43	9.73～66.73
	沙泥质中性粗骨土	27.37	10.11～76.71
	砂页岩质褐土性土	26.21	10.87～73.39
地形部位	沟谷、梁、峁、坡	23.88	10.87～45.02
	河流一级、二级阶地	24.19	9.73～76.71
	黄土垣、梁	25.85	12.96～63.41
	丘陵低山中、下部及平坦地	25.32	8.97～96.67
	山地、丘陵（中、下）部的缓坡地段，有一定的坡度	24.92	10.87～70.06
土壤母质	残积物	27.20	12.96～66.73
	人工堆垫物	25.23	11.62～60.08
	人工淤积物	29.69	21.56～48.34
	坡积物	27.86	20.70～43.36
	黄土母质	24.81	8.97～96.67
	冲积物	24.67	9.73～70.06
	风沙沉积物	27.09	15.54～53.43

（二）分级论述

有效硫 山西省耕地土壤养分分级参数见表 3-15，沁县耕种土壤有效硫含量分级统计见表 3-16。

表 3-15 山西省耕地土壤养分分级参数表（有效硫）

级 别	I	II	III	IV	V	VI
有效硫（毫克/千克）	＞200	100.1～200	50.1～100.1	25.1～50.1	12.1～25.1	≤12.1

Ⅰ级　有效硫含量＞200 毫克/千克，全县无分布。

Ⅱ级　有效硫含量为 100.1～200 毫克/千克，全县无分布。

Ⅲ级　有效硫含量为 50.1～100.1 毫克/千克。面积为 9 101.71 亩，占总耕地面积的 1.52%。

Ⅳ级　有效硫含量为 25.1～50.1 毫克/千克。面积为 196 562.95 亩，占总耕地面积的 32.76%。

Ⅴ级　有效硫含量为 12.1～25.1 毫克/千克。面积为 389 517.7 亩，占总耕地面积的 64.93%。

Ⅵ级　有效硫含量为 ≤12.1 毫克/千克。面积为 4 761.61 亩，占总耕地面积的 0.79%。

表 3-16　沁县耕种土壤有效硫含量分级统计表

单位：亩

乡（镇）	Ⅰ	Ⅱ	Ⅲ	Ⅳ	Ⅴ	Ⅵ
定昌镇	—	—	912.6	21 613.35	32 283.72	636.12
郭村镇	—	—	—	7 713.86	39 100.43	487.11
故县镇	—	—	844.42	17 110.39	51 278.45	327.87
新店镇	—	—	252.83	56 700.93	30 062.2	—
漳源镇	—	—	1 906.44	15 484.68	33 739.65	43.83
册村镇	—	—	—	4 827.56	54 097.73	645.88
段柳乡	—	—	289.62	16 233.53	38 746.83	110.75
松村乡	—	—	740.50	18 616.81	20 906.66	464.72
次村乡	—	—	—	2 400.53	21 615.53	110.73
牛寺乡	—	—	—	8 550.32	19 516.91	1 495.07
南里乡	—	—	—	3 355.42	34 870.94	276.65
南泉乡	—	—	—	4 538.47	10 998.89	162.88
杨安乡	—	—	4 155.30	19 417.1	2 299.76	—

三、微量元素

土壤微量元素背景值的表达方式以各统计单元养分汇总的算术平均值来表示，单位：毫克/千克。

（一）含量与分布

1. 有效铁　沁县耕地土壤有效铁含量变化变化为 3.27～18.29 毫克/千克，平均值为 7.63 毫克/千克，属省四级水平。

（1）不同行政区域：南泉乡最高，平均值为 10.30 毫克/千克；其次是册村镇，平均值为 8.68 毫克/千克；最低是牛寺乡，平均值为 6.25 毫克/千克。

（2）不同地形部位：黄土垣、梁最高，平均值为 7.92 毫克/千克；其次是河流一级、二级阶地，平均值为 7.66 毫克/千克；最低是沟谷、梁、峁、坡，平均值为 7.34 毫克/千克。

（3）不同母质：残积物最高，平均值为8.14毫克/千克；其次是人工堆垫物，平均值为7.78毫克/千克；最低是坡积物，平均值为7.30毫克/千克。

（4）不同土壤类型：潮土最高，平均值为7.64毫克/千克；红黄土质性褐土最低，平均值为7.32毫克/千克。

2. 有效锰　沁县耕地土壤有效锰含量变化变化为6.74～27.63毫克/千克，平均值为13.72毫克/千克，属省四级水平。

（1）不同行政区域：杨安乡最高，平均值为15.78毫克/千克；其次是定昌镇，平均值为15.40毫克/千克，最低是次村乡，平均值为11.47毫克/千克。

（2）不同地形部位：黄土垣、梁平均值最高，为14.08毫克/千克，其次是河流一级、二级阶地，平均值为14.05毫克/千克；最低是沟谷、梁、峁坡，平均值为13.15毫克/千克。

（3）不同母质：残积物最高，平均值为14.55毫克/千克；其次是人工淤积物，平均值为14.35毫克/千克；最低是风沙沉积物，平均值为12.92毫克/千克。

（4）不同土壤类型：石灰性褐土最高，平均值为14.17毫克/千克，红黄土质褐土性土最低，平均值为13.29毫克/千克。

3. 有效铜　沁县耕地土壤有效铜含量变化变化为0.28～2.41毫克/千克，平均值为0.98毫克/千克，属省四级水平。

（1）不同行政区域：杨安乡最高，平均值为1.23毫克/千克；其次是南泉乡，平均值为1.22毫克/千克；最低是松村乡，平均值为0.70毫克/千克。

（2）不同地形部位：黄土垣、梁最高，平均值为1.05毫克/千克；其次是山地、丘陵（中、下）部的缓坡地段、地面有一定坡度，平均值为1.00毫克/千克；最低是沟谷、梁、峁、坡，平均值为0.96毫克/千克。

（3）不同母质：坡积物最高，平均值为1.18毫克/千克；其次是人工淤积物物，平均值为1.17毫克/千克；最低是黄土母质，平均值为0.97毫克/千克。

（4）不同土壤类型：石灰性褐土最高，平均值为1.02毫克/千克；黄土质性褐土最低，平均值为0.94毫克/千克。

4. 有效锌　沁县耕地土壤有效锌含量变化变化为0.17～2.37毫克/千克，平均值为0.72毫克/千克，属省四级水平。

（1）不同行政区域：故县镇最高，平均值为0.93毫克/千克；其次是新店镇，平均值为0.87毫克/千克；最低是牛寺，南里乡，平均值为0.51毫克/千克。

（2）不同地形部位：黄土垣、梁与河流一级、二级阶地最高，平均值为0.73毫克/千克；其次是丘陵低山（中、下）部，平均值为0.72毫克/千克；最低是沟谷、梁、峁、坡，平均值为0.70毫克/千克。

（3）不同母质：风沙沉积物最高，平均值为0.85毫克/千克；其次是人工堆垫物，平均值为0.77毫克/千克；最低是坡积物，平均值为0.62毫克/千克。

（4）不同土壤类型：潮土最高，平均值为0.74毫克/千克；红黄土质褐土性土最低，平均值为0.70毫克/千克。

5. 水溶性硼　沁县耕地土壤水溶性硼含量变化变化为0.12～0.8毫克/千克，平均值为0.26毫克/千克，属省五级水平。

表3-17　沁县耕种土壤养分含量分类统计表（微量元素）

单位：毫克/千克

类别		有效铁 平均值	有效铁 区域值	有效锰 平均值	有效锰 区域值	有效铜 平均值	有效铜 区域值	有效锌 平均值	有效锌 区域值	水溶性硼 平均值	水溶性硼 区域值
行政区域	定昌镇	7.45	5.34~13.00	15.40	10.55~27.63	0.90	0.61~1.30	0.77	0.32~2.28	0.23	0.12~0.56
	郭村镇	7.58	5.00~11.67	14.79	11.19~18.67	0.92	0.67~1.74	0.82	0.32~2.03	0.28	0.19~0.78
	故县镇	7.47	4.07~12.01	13.54	7.37~19.00	1.00	0.58~1.43	0.93	0.44~2.37	0.20	0.12~0.58
	新店镇	7.34	4.73~14.67	13.22	6.74~20.65	1.02	0.64~1.80	0.87	0.34~1.85	0.34	0.16~0.80
	漳源镇	8.38	5.68~18.29	11.85	6.74~18.00	1.04	0.67~1.64	0.66	0.26~1.68	0.25	0.14~0.46
	册村镇	8.68	5.00~15.00	14.91	9.28~23.19	0.90	0.41~2.05	0.72	0.27~2.28	0.25	0.15~0.40
	段柳乡	7.11	4.87~14.33	13.04	8.64~19.67	1.05	0.74~1.71	0.58	0.27~1.30	0.23	0.12~0.63
	松村乡	7.23	5.00~10.34	14.48	8.64~19.67	0.70	0.28~1.40	0.76	0.27~1.85	0.24	0.14~0.42
	次村乡	6.38	4.87~9.67	11.47	6.74~19.00	0.92	0.61~1.61	0.58	0.28~1.77	0.25	0.14~0.78
	牛寺乡	6.25	3.27~13.34	12.83	9.28~17.67	0.95	0.34~2.41	0.51	0.25~0.87	0.28	0.12~0.50
	南里乡	8.61	6.34~13.00	14.17	9.91~17.67	0.97	0.54~1.54	0.51	0.17~1.60	0.27	0.15~0.48
	南泉乡	10.30	8.00~14.33	15.18	11.82~21.28	1.22	0.84~1.54	0.80	0.40~1.21	0.25	0.13~0.35
	杨安乡	7.93	4.73~11.34	15.78	10.55~22.55	1.23	0.74~1.74	0.73	0.27~1.68	0.26	0.15~0.50
土壤类型	冲积潮土	7.64	3.27~15.61	13.89	6.74~22.55	1.00	0.34~1.80	0.74	0.20~2.37	0.25	0.12~0.63
	冲积石灰性新积土	7.05	3.94~11.67	13.15	9.28~17.01	0.96	0.41~1.40	0.66	0.34~1.04	0.29	0.15~0.51
	堆垫潮土	8.07	4.87~12.67	14.00	8.64~21.28	0.97	0.74~1.24	0.67	0.41~1.68	0.26	0.16~0.46
	沟淤褐土性土	7.56	4.60~11.34	13.96	9.28~18.00	1.04	0.64~2.13	0.72	0.26~2.28	0.27	0.14~0.46
	红黄土质褐土性土	7.32	4.07~15.00	13.29	6.74~23.19	0.95	0.37~1.74	0.70	0.19~1.94	0.26	0.12~0.78
	红黏土	7.79	4.87~15.00	13.92	6.74~20.65	1.01	0.54~1.58	0.74	0.17~1.85	0.25	0.14~0.48
	黄土质褐土性土	7.50	3.94~14.00	13.68	8.01~21.28	0.94	0.28~1.74	0.72	0.17~2.28	0.25	0.12~0.80

（续）

类别		有效铁		有效锰		有效铜		有效锌		水溶性硼	
		平均值	区域值	平均值	区域值	平均值	区域值	平均值	区域值	平均值	区域值
土壤类型	黄土质淋溶褐土	6.19	4.73~8.67	10.90	9.91~14.36	0.86	0.67~1.24	0.75	0.61~0.80	0.19	0.12~0.31
	黄土状石灰性褐土	7.53	5.00~14.33	14.17	6.74~27.63	1.02	0.54~2.05	0.73	0.27~1.60	0.27	0.14~0.78
	沙泥质中性粗骨土	8.26	3.67~18.29	13.87	8.01~20.00	1.06	0.48~2.41	0.70	0.22~1.47	0.25	0.12~0.40
	砂页岩质褐土性土	8.91	4.20~14.00	14.81	8.64~22.55	1.12	0.61~1.64	0.79	0.25~2.03	0.25	0.13~0.42
地形部位	沟谷、梁、峁、坡	7.34	4.60~14.00	13.15	8.64~21.28	0.96	0.43~1.64	0.70	0.25~1.34	0.25	0.13~0.53
	河流一级、二级阶地	7.66	3.27~15.61	14.05	6.74~27.63	0.98	0.30~2.13	0.73	0.20~2.11	0.26	0.12~0.80
	黄土垣、梁	7.92	4.34~12.01	14.08	8.01~20.65	1.05	0.74~1.64	0.73	0.20~2.03	0.26	0.14~0.46
	丘陵低山中、下部及平坦地	7.63	3.54~18.29	13.67	6.74~23.19	0.98	0.28~2.41	0.72	0.17~2.37	0.26	0.12~0.78
	山地、丘陵（中、下）部的缓坡地段、有一定的坡度	7.56	3.67~14.00	13.29	6.74~20.65	1.00	0.37~2.05	0.72	0.18~1.94	0.26	0.13~0.78
土壤母质	残积物	8.14	4.47~12.67	14.55	10.55~19.00	1.09	0.58~1.40	0.73	0.40~1.11	0.28	0.19~0.40
	人工堆垫物	7.67	5.68~10.34	13.61	8.64~21.28	1.09	0.71~1.64	0.77	0.32~1.85	0.31	0.16~0.63
	人工淤积物	7.78	6.34~11.34	14.35	11.82~20.65	1.17	0.84~1.54	0.69	0.27~1.47	0.23	0.16~0.38
	坡积物	7.30	4.47~10.68	13.56	10.55~15.68	1.18	0.74~2.41	0.62	0.34~1.21	0.24	0.14~0.38
	黄土母质	7.64	3.27~18.29	13.75	6.74~27.63	0.97	0.34~2.05	0.71	0.17~2.37	0.25	0.12~0.78
	冲积物	7.49	4.20~14.33	13.64	6.74~21.92	1.01	0.28~1.71	0.75	0.23~2.03	0.26	0.13~0.80
	风沙沉积物	7.53	4.73~14.67	12.92	8.64~18.34	1.04	0.64~1.80	0.85	0.39~1.30	0.35	0.23~0.73

（1）不同行政区域：新店镇最高，平均值为 0.34 毫克/千克；其次是牛寺乡，平均值为 0.28 毫克/千克；最低是故县镇，平均值为 0.20 毫克/千克。

（2）不同地形部位：河流一级、二级阶地；黄土垣、梁、丘陵低山（中、下）部最高，平均值为 0.26 毫克/千克；最低是沟谷、梁、峁、坡，平均值为 0.25 毫克/千克。

（3）不同母质：风沙沉积物最高，平均值为 0.35 毫克/千克；其次是人工堆垫物，平均值为 0.31 毫克/千克；最低是坡积物，平均值为 0.23 毫克/千克。

（4）不同土壤类型：黄土状石灰性褐土最高，平均值为 0.27 毫克/千克；褐土性土最低，平均值为 0.25 毫克/千克。

沁县耕种土壤养分含量分类统计见表 3-17。

（二）分级论述

山西省耕地地力土壤养分等级划分参数（微量元素）见表 3-18。

表 3-18　山西省耕地地力土壤养分等级划分参数表（微量元素）

单位：毫克/千克

级　　别	I	II	III	IV	V	VI
有效铁	＞20.00	15.01～20.00	10.01～15.01	5.01～10.01	2.51～5.01	≤2.51
有效锰	＞30.00	20.01～30.00	15.01～20.01	5.01～15.01	1.01～5.01	≤1.01
有效铜	＞2.00	1.51～2.00	1.01～1.51	0.51～1.01	0.21～0.51	≤0.21
有效锌	＞3.00	1.51～3.00	1.01～1.51	0.51～1.01	0.31～0.51	≤0.31
水溶性硼	＞2.00	1.51～2.00	1.01～1.51	0.51～1.01	0.21～0.51	≤0.21

1. 有效铁

I 级　有效铁含量＞20 毫克/千克，全县无分布。

II 级　有效铁含量为 15.01～20.00 毫克/千克。面积为 115.47 亩，占总耕地面积的 0.02％。

III 级　有效铁含量为 10.01～15.01 毫克/千克。面积为 28 245.24 亩，占总耕地面积的 4.71％。

IV 级　有效铁含量为 5.01～10.01 毫克/千克。面积为 559 946.68 亩，占总耕地面积的 93.33％。

V 级　有效铁含量为 2.51～5.01 毫克/千克。面积为 11 636.58 亩，占总耕地面积的 1.94％。

VI 级　有效铁含量为≤2.51 毫克/千克，全县无分布。

沁县耕种土壤有效铁含量分级统计见表 3-19。

表 3-19　沁县耕种土壤有效铁含量分级统计表

单位：亩

乡（镇）	I	II	III	IV	V	VI
定昌镇	—	—	870.35	54 575.44	—	—
郭村镇	—	—	395.56	46 810.66	95.18	—
故县镇	—	—	1 304.78	67 160.83	1 095.52	—

（续）

乡（镇）	I	II	III	IV	V	VI
新店镇	—	—	2 327.78	84 498.86	189.32	—
漳源镇	—	115.47	3 941.28	47 117.85	—	—
册村镇	—	—	9 265.26	50 203.53	102.38	—
段柳乡	—	—	203.86	55 137.29	39.58	—
松村乡	—	—	3.49	40 580.32	144.88	—
次村乡	—	—	—	23 514.24	612.55	—
牛寺乡	—	—	631.31	19 728.79	9 202.2	—
南里乡	—	—	521.32	37 981.69	—	—
南泉乡	—	—	7 880.44	7 819.8	—	—
杨安乡	—	—	899.81	24 817.38	154.97	—

2. 有效锰

Ⅰ级 有效锰含量＞30毫克/千克，全县无分布。

Ⅱ级 有效锰含量为20.01～30.00毫克/千克。面积为2 160.23亩，占总耕地面积的0.36%。

Ⅲ级 有效锰含量为15.01～20.01毫克/千克。面积为153 464.5亩，占总耕地面积的25.58%。

Ⅳ级 有效锰含量为5.01～15.01毫克/千克。面积为444 319.24亩，占总耕地面积的74.06%。

Ⅴ级 有效锰含量为1.01～5.01毫克/千克，全县无分布。

Ⅵ级 有效锰含量为≤1.01毫克/千克，全县无分布。

沁县耕种土壤有效锰含量分级统计见表3-20。

表3-20 沁县耕种土壤有效锰含量分级统计表

单位：亩

乡（镇）	I	II	III	IV	V	VI
定昌镇	—	1 455.87	34 602.49	19 387.43	—	—
郭村镇	—	—	17 090.84	30 210.56	—	—
故县镇	—	—	13 418.77	56 142.36	—	—
新店镇	—	47.15	13 031.14	73 937.67	—	—
漳源镇	—	—	2 341.89	48 832.71	—	—
册村镇	—	290.48	23 580.39	35 700.3	—	—
段柳乡	—	—	8 825.37	46 555.36	—	—
松村乡	—	—	8 279.44	32 449.25	—	—
次村乡	—	—	1 339.66	22 787.13	—	—

（续）

乡（镇）	I	II	III	IV	V	VI
牛寺乡	—	—	3 518.08	26 044.22	—	—
南里乡	—	—	4 930.69	33 572.32	—	—
南泉乡	—	89.93	6 379.77	9 230.54	—	—
杨安乡	—	276.80	16 125.97	9 469.39	—	—

3. 有效铜

Ⅰ级　有效铜含量＞2.00毫克/千克。面积为86.01亩，占总耕地面积的0.01%。

Ⅱ级　有效铜含量为1.51～2.00毫克/千克。面积为6 141.39亩，占总耕地面积的1.02%。

Ⅲ级　有效铜含量为1.01～1.51毫克/千克。面积为197 410.47亩，占总耕地面积的32.91%。

Ⅳ级　有效铜含量为0.51～1.01毫克/千克。面积为391 737.58亩，占总耕地面积的65.30%。

Ⅴ级　有效铜含量为0.21～0.51毫克/千克。面积为4 568.52亩，占总耕地面积的0.76%。

Ⅵ级　有效铜含量为≤0.21毫克/千克，全县无分布。

沁县耕种土壤有效铜含量分级统计见表3-21。

表3-21　沁县耕种土壤有效铜含量分级统计表

单位：亩

乡（镇）	I	II	III	IV	V	VI
定昌镇	—	—	7 175.3	48 270.49	—	—
郭村镇	—	148.85	6 792.38	40 360.17	—	—
故县镇	—	—	26 657.2	42 903.93	—	—
新店镇	—	1 903.85	32 251.44	52 860.67	—	—
漳源镇	—	106.59	20 797.98	30 270.03	—	—
册村镇	77.23	383.17	9 795.47	48 815.64	499.66	—
段柳乡	—	1 099.83	34 193.14	20 087.76	—	—
松村乡	—	—	1 781.28	35 555.58	3 391.83	—
次村乡	—	150.26	5 393.65	18 582.88	—	—
牛寺乡	8.78	859.11	4 841.61	23 175.77	677.03	—
南里乡	—	3.04	11 953.63	26 546.34	—	—
南泉乡	—	116.34	13 736.64	1 847.26	—	—
杨安乡	—	1 370.35	22 040.75	2 416.06	—	—

4. 有效锌

Ⅰ级　有效锌含量＞3.00毫克/千克，全县无分布。

Ⅱ级　有效锌含量为1.51～3.00毫克/千克。面积为7 204.58亩，占总耕地面积的1.20％。

Ⅲ级　有效锌含量为1.01～1.51毫克/千克。面积为59 224.61亩，占总耕地面积的9.87％。

Ⅳ级　有效锌含量为0.51～1.01毫克/千克。面积为408 440.23亩，占总耕地面积的68.08％。

Ⅴ级　有效锌含量为0.31～0.51毫克/千克。面积为116 763.90亩，占总耕地面积的19.46％。

Ⅵ级　有效锌含量为≤0.31毫克/千克，面积为8 310.65亩，占总耕地面积的1.39％。

沁县耕种土壤有效锌含量分级统计见表3-22。

表3-22　沁县耕种土壤有效锌含量分级统计表

单位：亩

乡（镇）	Ⅰ	Ⅱ	Ⅲ	Ⅳ	Ⅴ	Ⅵ
定昌镇	—	1 730.85	10 263.11	34 863.72	8 588.11	—
郭村镇	—	158.59	2 747.36	43 309.88	1 085.57	—
故县镇	—	1 324.34	18 084.26	50 005.92	146.61	—
新店镇	—	853.41	12 454.82	71 857.24	1 850.49	—
漳源镇	—	347.68	3 103.84	29 851.68	17 860.77	10.63
册村镇	—	1 698.02	3 181.57	35 957.16	18 100.80	633.62
段柳乡	—	—	567.82	41 534.18	13 247.39	31.34
松村乡	—	523.33	3 089.45	31 001.61	5 897.41	216.89
次村乡	—	172.05	1 164.27	13 276.38	9 359.62	154.07
牛寺乡	—	—	—	11 428.53	18 098.75	35.02
南里乡	—	59.27	1 685.97	10 681.49	18 880.73	7 195.55
南泉乡	—	—	485.50	14 652.44	562.30	—
杨安乡	—	337.04	2 396.24	20 020.00	3 085.35	33.53

5. 水溶性硼

Ⅰ级　水溶性硼含量为＞2.00毫克/千克，全县无分布。

Ⅱ级　水溶性硼含量为1.51～2.00毫克/千克，全县无分布。

Ⅲ级　水溶性硼含量为1.01～1.51毫克/千克，全县无分布。

Ⅳ级　水溶性硼含量为0.51～1.01毫克/千克。面积为2 184.11亩，占总耕地面积的0.36％。

Ⅴ级 水溶性硼含量为 0.21～0.51 毫克/千克。面积为 422 060.5 亩,占总耕地面积的 70.35％。

Ⅵ级 水溶性硼含量为≤0.21 毫克/千克,面积为 175 699.36 亩,占总耕地面积的 29.29％。

沁县耕种土壤水溶性硼含量分级统计见表 3-23。

表 3-23 沁县耕种土壤水溶性硼含量分级统计表

单位:亩

乡(镇)	Ⅰ	Ⅱ	Ⅲ	Ⅳ	Ⅴ	Ⅵ
定昌镇	—	—	—	138.31	36 604.03	18 703.45
郭村镇	—	—	—	417.5	43 892.21	2 991.69
故县镇	—	—	—	91.59	16 043.18	53 426.36
新店镇	—	—	—	1 068.59	85 274.41	672.96
漳源镇	—	—	—	—	33 427.65	17 746.95
册村镇	—	—	—	—	40 191.65	19 379.52
段柳乡	—	—	—	374.5	27 517.49	27 488.74
松村乡	—	—	—	—	28 769.96	11 958.73
次村乡	—	—	—	93.62	19 402.38	4 630.79
牛寺乡	—	—	—	—	24 581.64	4 980.66
南里乡	—	—	—	—	32 177.37	6 325.64
南泉乡	—	—	—	—	12 438.07	3 262.17
杨安乡	—	—	—	—	21 740.46	4 131.7

四、其他化学性状

1. 土壤 pH 按 1983 年第二次土壤普查显示,沁县土壤 pH 一般为 8.1～8.3,最高值为 8.6,最低值为 7.1。

据 2009—2011 年度土壤测试显示,沁县耕种土壤 pH 一般为 8.0～8.4,最高值为 8.6,最低值为 7.2,平均值为 8.17。

(1)不同行政区域:段柳乡最高,平均值为 8.27;其次是漳源镇,平均值为 8.22;最低是次村乡,平均值为 8.07。

(2)不同地形部位:沟谷、梁、峁、坡最高,平均值为 8.18;其次是河流一级、二级阶地,平均值为 8.18;最低是山地、丘陵(中、下)部的缓坡地段、地面有一定坡度,平均值为 8.15。

(3)不同母质:人工淤积物最高,平均值为 8.24;其次是坡积物,平均值为 8.21;

最低是坡积物,平均值为8.09。

(4)不同土壤类型:石灰性褐土最高,平均值为8.19,红黄土质褐土性土最低,平均值为8.15。

2. 耕地土壤阳离子代换量 沁县土壤代换量一般为10.38～15.06me/百克土,最高为20.80me/百克土,最低为7.34me/百克土。属中等水平。

沁县主要土壤类型表土层的代换量与有机质与质地有关。一般来说有机质含量高的土壤代换量高,质地粗的代换量低。自然土壤的代换量高于耕种土壤,自然土壤平均值为13.95me/百克土,最高20.80me/百克土,最低8.14me/百克土;耕种土壤平均值为11.81me/百克土,最高18.39me/百克土,最低7.34me/百克土(表3-24)。

表3-24 不同亚类土壤代换量有机质含量统计表

省土种名称	土壤类型	地 点	代换量 (me/百克土)	保肥能力	有机质 (克/千克)	质地
淋溶褐土	砂页岩质山地淋溶褐土	郭村、巨良沟	15.82	中	28.3	轻壤
褐土性土	砂页岩质山地褐土	西汤、桃园	13.25	中	20.5	沙壤
褐土性土	黄土质山地褐土	漳源、良山	10.30	中	11.4	中壤
褐土性土	红黄土质山地褐土	迎春、北漳	12.41	中	1.8	中壤
粗骨土	砂页岩质山地粗骨性褐土	南仁、仁树沟	8.15	弱	18.2	轻壤
褐土性土	黄土质褐土性土	城关、和家沟	9.55	弱	8.1	中壤
褐土性土	红黄土质褐土性土	次村、魏家坡	16.12	中	5.6	重壤
褐土性土	红土质褐土性土	待贤、何家庄	20.80	强	9.3	重壤
潮土	浅色草甸土	漳源、北河	15.06	中	7.1	轻壤
褐土性土	耕种砂页岩质山地褐土	郭村、巨良沟	8.35	弱	11.6	轻壤
褐土性土	耕种黄土质山地褐土	郭村、苗家坡	13.44	中	8.8	轻壤
褐土性土	耕种红黄土质山地褐土			中	10.1	中壤
褐土性土	耕种黄土质褐土性土	段聊、荆村	10.07	中	9.8	中壤
褐土性土	耕种红黄土质褐土性土	册村、南庄	14.01	中	9.3	中壤
淋溶褐土	耕种沟淤山地褐土	新店、大桥沟	11.17	中	10.2	中壤
褐土性土	耕种沟淤褐土性土	故县、安仁	13.41	中	7.9	轻壤
石灰性褐土	耕种黄土状碳酸盐褐土	西汤、北牛寺	11.77	中	11.9	中壤
潮土	耕种浅色草甸土	漳河、王可	7.34	中	7.5	轻壤
潮土	耕种堆垫浅色草甸土	漳河、王可	11.10	弱	8.8	轻壤
褐土性土	耕种红土质褐土性土	南里、侯家庄	18.79	中	9.5	中壤

山西省、长治市、沁县土种对照见表3-25。

表3-25　山西省、长治市、沁县土种对照表

省级名称（1985年划分标准）				县级名称（1983年划分标准）		市级名称	
土类	亚类	土属	土种	代号	土种名称	代号	土种名称
褐土	淋溶褐土	黄土质淋溶褐土	黄淋土	111	薄层砂页岩质黄土山地淋溶褐土	011	沙质壤土中厚层黄土质淋溶褐土
			耕黄淋土	112	中层砂页岩山地淋溶褐土	012	耕种黏壤中厚层黄土质淋溶褐土
			耕黄淋土	113	厚层少砾砂页岩山地淋溶褐土		
粗骨土	粗骨土	砂页岩质粗骨土	薄沙渣土	211	薄层少砾砂页岩质山地褐土	097	沙质壤土薄层砂页岩质褐土粗骨土
褐土	褐土性土	砂页岩质褐土性土	沙泥质立黄土	212	中层少砾砂页岩质山地褐土	030	沙质壤土少砾砂页岩质褐土性土
			耕薄沙立黄土	213	厚层砂页岩质山地褐土	031	耕种沙壤少砾砂页岩质褐土性土
				221	耕种沙壤中层多砾砂页岩质山地褐土		
				222	耕种沙壤厚层砂页岩质山地褐土		
		黄土质褐土性土	立黄土	231	厚层黄土质山地褐土	033	沙质壤土黄土质褐土性土
			耕二合立黄土	232	厚层少料姜黄土质山地褐土	034	沙质壤少砾黄土质褐土性土
				241	耕种轻壤黄土质山地褐土	035	耕种黏壤黄土质褐土性土
		红黄土质褐土性土	红立黄土	251	厚层红黄土质山地褐土	038	壤红黄土质褐土性土
		黄土质褐土性土	耕二合立黄土	261	耕种中壤厚层红黄土质山地褐土	035	耕种黏壤黄土质褐土性土
		红黄土质褐土性土	耕二合红立土	262	耕种重壤厚层红黄土质山地褐土	042	耕种黏壤黄土质褐土性土
		沟淤褐土性土	沟淤土	271	耕种轻壤厚层沟淤山地褐土	049	耕种沙质壤沟淤褐土性土
				272	耕种中壤厚层沟淤山地褐土		
粗骨土	粗骨土	砂页岩质粗骨土	薄沙渣土	311	薄层砂页岩山地粗骨性褐土	097	沙质壤薄层砂页岩质褐土粗骨土
			砂渣土	312	厚层砂页岩质山地粗骨性褐土	098	沙质壤砂页岩质粗骨土

（续）

土类	亚类	土属	土种	代号	土种名称（县级，1983年划分标准）	代号	土种名称（市级）
褐土	褐土性土	黄土质褐土性土	立黄土	411	中壤土质褐土性土	033	沙质壤黄土质褐土性土
			耕二合立黄土	421	耕种轻壤浅位厚少料姜黄土质褐土性土	035	耕种黏壤黄土质褐土性土
				422	耕种轻壤浅位深位中层少料姜黄土质褐土性土		
				423	耕种中壤浅位薄层少料姜黄土质褐土性土		
				424	耕种中壤黄土质褐土性土		
				425	耕种中壤黄土少料姜黄土质褐土性土		
		红黄土质褐土性土	红立黄土	431	重壤红黄土质褐土性土	039	中蚀粉沙质壤红黄土质褐土性土
			耕红立黄土	441	耕种中壤红黄土质褐土性土	040	耕种粉沙质壤红黄土质褐土性土
			耕小姜红立黄土	442	耕种中壤少料姜红黄土质褐土性土	041	耕种黏少料姜红黄土质褐土性土
				443	耕种中壤浅位中层少料姜红黄土质褐土性土	040	耕种粉沙质壤红黄土质褐土性土
				444	耕种中壤厚层红黄土质褐土性土		
红黏土	红黏土	红黏土	大黄红土	451	重壤红蚀红土质褐土性土	080	壤质红黏土
			小黄红土	452	重壤中蚀红土质褐土性土	081	中蚀壤质黏红黏土
			耕小黄红土	461	耕种中壤浅位厚黏红土质褐土性土	083	耕种壤质黏红黏土
褐土	沟淤褐土性土	沟淤褐土性土	沟淤土	471	耕种沙质沟壤沟淤褐土性土	048	耕种沙质壤沟淤褐土性土
				472	耕种轻壤沟淤褐土性土	049	耕种沙质壤沟淤褐土性土
				473	耕种轻壤浅位沙沟淤褐土性土	050	耕种沙质壤浅沟淤褐土性土
				474	耕种中壤沟淤褐土性土	049	耕种沙质壤沟淤褐土性土
	石灰性褐土	黄土状石灰性褐土	浅黏黄垆土	511	耕种沙壤黄土状碳酸盐褐土	054	耕种壤质黏浅位黏化层黄土状石灰性褐土
			二合添黏黄土	512	耕种轻壤黄土状碳酸盐褐土	055	耕种黏壤黏深位黏化层黄土状石灰性褐土
			浅黏黄垆土	513	耕种中壤黄土状碳酸盐褐土	054	耕种中壤黏浅位黏化层黄土状石灰性褐土
				514	耕种中壤浅位厚黏化黄土状碳酸盐褐土		

（续）

省级名称（1985年划分标准）					县级名称（1983年划分标准）		市级名称	
土类	亚类	土属	土种	代号	代号	土种名称	代号	土种名称
新积土	石灰性新积土	冲积石灰性新积土	沙河漫土	611	621	沙土沙砾浅色草甸土	086	沙质壤冲积石灰性新积土
潮土	潮土	冲积潮土	河沙潮土	612	622	沙土体沙浅色草甸土	064	沙冲积潮土
			河潮土	613	623	沙壤浅色草甸土	065	沙质壤冲积潮土
			河潮土	614	624	中壤底沙浅色草甸土		
				615	625	中壤底沙砾浅色草甸土	066	沙质壤深位沙砾冲积潮土
新积土	石灰性新积土	冲积石灰性新积土	耕种河漫土	621	621	耕种沙壤体沙砾浅色草甸土	091	耕种沙质壤冲积石灰性新积土
潮土			沙潮土	622	622	耕种沙壤质沙砾浅色草甸土	069	耕种沙质壤沙砾冲积潮土
			耕二合潮土	623	623	耕种轻壤浅色草甸土	071	耕种黏壤冲积潮土
			绵沙潮土	624	624	耕种轻壤夹沙砾浅色草甸土	072	耕种沙质壤浅位沙砾冲积潮土
			底沙潮土	625	625	耕种轻壤底沙浅色草甸土	073	耕种沙质壤深位沙砾冲积潮土
		冲积潮土	耕二合潮土	626	626	耕种中壤浅色草甸土	071	耕种黏壤冲积潮土
			底沙潮土	627	627	耕种中壤体黏浅色草甸土	077	耕种黏壤深位沙砾冲积潮土
			耕二合潮土	628	628	耕种中壤重壤浅色草甸土	076	耕种粉沙质壤黏冲积潮土
		堆垫潮土	底黏潮土	631	631	耕种沙壤堆垫浅色草甸土	071	耕种黏壤冲积潮土
				632	632	耕种轻壤堆垫浅色草甸土	074	耕种沙壤堆垫深位黏层　冲积潮土
			底砾堆垫潮土	633	633	耕种轻壤底砾石堆垫浅色草甸土	079	耕种沙质壤深黏堆垫沙砾土
			二合堆垫潮土	634	634	耕种中壤堆垫浅色草甸土	078	耕种黏壤堆垫潮土

注：根据全国第二次土壤普查，1983年山西省第二次土壤普查工作分类系统，沁县土壤共分为2个土类、6个亚类、20个土属、57个土种。其中，耕地土种37个，非耕土种20个。

第四节 耕地土壤养分与动态变化

一、耕地土壤养分综述

沁县 4 300 个样点测定结果表明，耕地土壤有机质平均含量为 13.71 克/千克，全氮平均含量为 0.83 克/千克，有效磷平均含量为 8.11 毫克/千克，速效钾平均含量为 166.58 毫克/千克，有效铜平均含量为 0.98 毫克/千克，有效锌平均含量为 0.72 毫克/千克，有效铁平均含量为 7.63 毫克/千克，有效锰平均值为 13.72 毫克/千克，水溶性硼平均含量为 0.26 毫克/千克，pH 平均为 8.17，有效硫平均含量为 24.98 毫克/千克，缓效钾平均值为 990.31 毫克/千克。

二、有机质及大量元素的演变

随着农业生产的发展及施肥、耕作经营管理水平的变化，耕地土壤有机质及大量元素也随之变化。2010—2012 年耕层养分测定结果与 1984 年全国第二次土壤普查时的耕层养分测定结果相比，土壤有机质增加了 3.5 克/千克，全氮增加了 0.14 克/千克，有效磷下降了 1.4 毫克/千克，速效钾增加了 65 毫克/千克。

第四章 耕地地力评价

第一节 耕地地力分级

一、耕地地力评价的内容和方法

耕地地力评价的方法大体可分为两种，第一种是以产量为依据的耕地当前生产能力评价；第二种是以自然要素为主的生产潜力评价。本次耕地地力评价是指耕地用于一定方式下，在各种自然要素相互作用下所表现出来的潜在生产能力。生产潜力评价又可分为以气候要素为主的潜力评价和以土壤要素为主的潜力评价，对于县域这样一个相对来说较小的区域范围，区域内气候要素相对一致，因此县域耕地地力评价主要根据地形地貌、成土母质、土壤理化性状、农田基础设施等要素相互作用表现出来的综合特征，揭示耕地潜在生物生产力的高低。

本次沁县耕地地力评价的评价指标确立原则：一是数据的可获取性，二是县内差异性，三是相互独立性，四是相互稳定性，五是对目标贡献性。依据上述原则，确定 10 项评价指标：地形部位、成土母质、地面坡度、耕层厚度、耕层质地、有机质含量、pH、有效磷含量、速效钾含量、园田化水平。按其对土壤肥力影响的强弱确定一定的权重，最后按指数和大小划分耕地土壤等级。见表 4 - 1、表 4 - 2、表 4 - 3。

表 4 - 1　沁县耕地评价指标（10 项）

指标层	准则层					组合权重
	C_1	C_2	C_3	C_4	C_5	$\sum C_i A_i$
	0.457 2	0.079 3	0.143 2	0.137 1	0.183 2	1.000 0
A_1 地形部位	0.559 8					0.255 9
A_2 成土母质	0.172 5					0.078 9
A_3 地面坡度	0.267 6					0.122 3
A_4 耕层厚度		1.000 0				0.079 3
A_5 耕层质地			0.468 0			0.067 1
A_6 有机质			0.272 3			0.039 0
A_7 pH			0.259 7			0.037 2
A_8 有效磷				0.698 1		0.095 7
A_9 速效钾				0.301 9		0.041 4
A_{10} 园田化水平					1.000 0	0.183 2

表4-2　沁县耕地地力等级标准

等　级	生产能力综合指数	面　积（亩）	占总耕地面积（%）
1	0.88～0.91	69 851.90	11.64
2	0.83～0.88	139 496.28	23.25
3	0.66～0.82	174 185.33	29.03
4	0.57～0.66	145 456.84	24.25
5	0.49～0.57	54 424.06	9.07
6	0.28～0.49	16 529.56	2.76

表4-3　沁县耕地地力等级标准与中国耕地地力等级标准关系

沁县耕地地力等级	国家耕地地力等级	面积（亩）	占总耕地面积（%）
1	3	10 441.24	1.74
	4	59 410.66	11.64
2	4	11 221.27	1.87
	5	128 275.01	21.38
3	5	55 025.16	9.17
	6	119 160.17	19.86
4	6	46 943.28	7.75
	7	98 963.56	16.50
5	7	5 577.43	0.93
	8	48 846.63	8.14
6	8	16 529.56	2.76

二、面积统计

沁县耕地面积总计599 943.97万亩。按照上述地力等级划分指标，通过对19 359个评价单元 IFI 值的计算，对照分级标准，确定每个评价单元的地力等级。沁县耕地地力等级见表4-4，沁县耕地地力等级与国家等级的对应关系见表4-5。

表4-4　沁县耕地地力等级统计表

等　级	评价之最小值	评价之最大值	面积总计（亩）
1	0.868	0.916 1	69 851.90
2	0.839	0.867 9	139 496.28
3	0.754	0.838 9	174 185.33
4	0.732	0.753 9	145 456.84
5	0.661 1	0.731 9	54 424.06
6	0.445 7	0.627 9	16 529.56

表 4-5 沁县耕地地力等级与国家等级的对应关系

等 级	国家等级	面积之总计（亩）	评价之最小值
1	3	10 441.24	0.886
1	4	59 410.66	0.868
2	4	11 221.27	0.866
2	5	128 275.01	0.839
3	5	55 025.16	0.786
3	6	119 160.17	0.754
4	6	46 493.28	0.750
4	7	98 963.56	0.732
5	7	5 577.43	0.730
5	8	48 846.63	0.661 1
6	8	16 529.56	0.445 7

三、地域分布

沁县耕地主要分布于沁县境内主要河流两岸的一级、二级阶地及丘陵低山中、下部及坡麓平坦地（表 4-6）。

表 4-6 沁县耕地分布统计表

地形部位	面积统计（亩）
沟谷、梁、峁、坡	2 241.58
河流一级、二级阶地	267 850.04
黄土垣、梁	10 174.85
丘陵低山中、下部及坡麓平坦地	305 389.52
山地、丘陵（中、下）部的缓坡地段，地面有一定的坡度	14 287.98

第二节 耕地地力等级分布

一、一 级 地

（一）面积和分布

本级耕地主要分布于定昌镇、故县镇、段柳乡、漳源镇、松村乡、南里乡、新店镇、册村镇的河流两岸一级、二级阶地，次村乡、杨安乡、牛寺乡、南泉乡、郭村镇有零星分布。总面积 69 851.9 亩，占总耕地面积的 11.64%。

沁县一级耕地各乡（镇）面积统计见表 4-7。

表4-7 沁县一级耕地各乡（镇）面积统计表

乡（镇）	面积（亩）
定昌镇	13 314.11
郭村镇	109.67
故县镇	17 226.07
新店镇	3 217.73
漳源镇	5 528.16
册村镇	2 015.15
段柳乡	14 456.15
松村乡	5 256.26
次村乡	1 492.32
牛寺乡	964.35
南里乡	4 341.53
南泉乡	622.37
杨安乡	1 308.03

（二）主要属性分析

本级耕地土地平坦，土壤主要包括黄土状石灰性褐土、红黄土质褐土性土、黄土质褐土性土、冲积潮土。成土母质为黄土及冲积物，耕层质地为轻壤土，耕层厚度≥30厘米，有机质含量为9.63～25.88克/千克，平均值为14.40克/千克；全氮含量为0.47～1.64克/千克，平均值为0.84克/千克；pH的变化范围为7.34～8.36，平均值为8.19；有效磷含量为25.1～3.46毫克/千克，平均值为9.73毫克/千克；速效钾含量为108～327毫克/千克，平均值为169.58毫克/千克，地势平缓，无侵蚀，保肥保水、地下水位浅且水质良好，园田化水平高。见表4-8。

表4-8 沁县一级耕地土壤养分统计表

项 目	平均值	最大值	最小值	标准差	变异数
有机质（克/千克）	14.40	25.88	9.63	1.98	0.14
全氮（克/千克）	0.84	1.64	0.47	0.13	0.16
有效磷（毫克/千克）	9.73	25.10	3.46	3.24	0.33
速效钾（毫克/千克）	168.58	326.69	107.53	27.85	0.17
缓效钾（毫克/千克）	994.88	1 342.92	720.58	87.22	0.09
pH	8.19	8.36	7.73	0.08	0.01
有效硫（毫克/千克）	25.00	76.71	11.62	7.82	0.31
有效锰（毫克/千克）	866.83	2 417.00	3.00	714.26	0.82
水溶性硼（毫克/千克）	0.24	0.63	0.13	0.06	0.25
有效铜（毫克/千克）	1.00	2.05	0.30	0.21	0.21
有效锌（毫克/千克）	0.77	2.11	0.20	0.26	0.34
有效铁（毫克/千克）	7.80	14.33	4.07	1.24	0.16

（三）主要存在问题

一是土壤肥力与高产高效的要求仍不适应，二是部分区域地下水资源日趋贫乏，水位持续下降，更新深井则需加大生产成本；多年种菜的部分地块，化肥施用量不断提升，有机肥却施用不足，土壤板结现象严重，土壤团粒结构不合理，城郊的极个别污染地块已成为影响土壤环境质量的障碍因素。

（四）合理利用

本级耕地今后改良利用的方向是：增施有机肥，提高土壤肥力，搞好平田整地，实行渠系配套，扩大水浇地面积，保证灌溉质量，采用园田化种植。

二、二 级 地

（一）面积与分布

本级耕地主要分布于册村镇、郭村镇、定昌镇、段柳乡、松村乡、新店镇、牛寺乡、漳源镇、故县镇、南里乡的河流两岸一级、二级阶地，南泉乡、次村乡、杨安乡有少量零星分布。总面积139 496.28亩，占总耕地面积的23.25%。

沁县二级耕地各乡（镇）面积统计见表4-9。

表4-9　沁县二级耕地各乡（镇）面积统计表

乡（镇）	面积（亩）
定昌镇	14 667.25
郭村镇	25 428.1
故县镇	8 220.8
新店镇	9 516.78
漳源镇	8 527.83
册村镇	30 743.26
段柳乡	12 773.21
松村乡	11 354.84
次村乡	635.68
牛寺乡	9 080.57
南里乡	5 358.43
南泉乡	1 934.3
杨安乡	1 255.23

（二）主要属性分析

本级耕地主要土壤有冲积潮土、黄土状石灰性褐土、红黄土质褐土性土、黄土质褐土性土。成土母质为冲积物及黄土，耕层质地沙壤—轻壤，地面坡度≤5°，耕层厚度为20~30厘米，有机质含量为7.65~21.99克/千克，平均值为13.18克/千克；全氮含量为0.49~1.64克/千克，平均值为0.81克/千克；pH的变化范围为7.81~8.35，平均值为

8.18；有效磷含量为2.36～17.41，平均值为7.25毫克/千克；速效钾含量为99～326毫克/千克，平均值为150.49毫克/千克，地势低平，土地较肥，地下水位较浅，自然植被稀疏、低凹地块排水不良（表4-10）。

表4-10 沁县二级耕地土壤养分统计表

项　目	平均值	最大值	最小值	标准差	变异数
有机质（克/千克）	13.18	21.99	7.65	1.80	0.14
全氮（克/千克）	0.81	1.64	0.49	0.11	0.14
有效磷（毫克/千克）	7.25	17.41	2.36	2.01	0.28
速效钾（毫克/千克）	150.49	326.69	99.37	25.43	0.17
缓效钾（毫克/千克）	956.94	1 271.96	384.20	102.53	0.11
pH	8.18	8.36	7.81	0.08	0.01
有效硫（毫克/千克）	23.75	66.73	9.73	7.25	0.31
有效锰（毫克/千克）	872.06	2 419.00	2.00	647.92	0.74
水溶性硼（毫克/千克）	0.25	0.80	0.12	0.07	0.27
有效铜（毫克/千克）	0.96	1.74	0.35	0.20	0.21
有效锌（毫克/千克）	0.71	2.11	0.20	0.26	0.36
有效铁（毫克/千克）	7.61	15.61	3.27	1.43	0.19

（三）主要存在问题

本级耕地有相当一部分土壤质地为沙壤，漏水漏肥。

（四）合理利用

深耕改土，沙土掺黏，增施热性肥料，增加有机质含量，提高土壤肥力，实行粮菜、粮油间作，大力发展以经济作物为主体的商品生产，并实行地膜覆盖技术，同时加厚薄层河滩地的土层厚度。

三、三　级　地

（一）面积与分布

本级耕地为本县主要耕地，大量分布在沁县的丘陵低山中、下部及坡麓平坦地，河流一级、二级阶地及部分黄土垣、梁有少量分布。总面积174 185.33亩，占总耕地面积的29.03%。

沁县三级耕地各乡（镇）面积统计见表4-11。

表4-11 沁县三级耕地各乡（镇）面积统计表

乡（镇）	面积（亩）
定昌镇	13 713.82
郭村镇	14 403.79
故县镇	19 607.63

（续）

乡（镇）	面积（亩）
新店镇	34 182.43
漳源镇	22 353.21
册村镇	3 833.7
段柳乡	9 001.96
松村乡	14 809.33
次村乡	14 310.47
牛寺乡	6 303.24
南里乡	8 537.73
南泉乡	4 271.79
杨安乡	8 856.23

（二）主要属性分析

本级耕地，地势基本平坦，肥力中等，土壤主要包括红黄土质褐土性土、黄土质褐土性土，成土母质为黄土，地面坡度5°～8°，耕层厚度20～30厘米，耕层质地为轻壤土和中壤土，有机质含量为6.66～25.59克/千克，平均值为14.41克/千克；全氮含量为0.46～1.62克/千克，平均值为0.86克/千克；pH的变化范围为7.73～8.36，平均值为8.16；有效磷含量为3.02～23.73毫克/千克，平均值为9.19毫克/千克；速效钾含量为101～336毫克/千克，平均值为175.37毫克/千克。见表4-12。

表4-12 沁县三级耕地养分统计表

项　目	平均值	最大值	最小值	标准差	变异数
有机质（克/千克）	14.41	25.59	6.66	1.96	0.14
全氮（克/千克）	0.86	1.62	0.46	0.14	0.16
有效磷（毫克/千克）	9.19	23.73	3.02	2.70	0.29
速效钾（毫克/千克）	175.37	336.15	101.00	30.03	0.17
缓效钾（毫克/千克）	1 010.98	1 357.11	566.80	94.81	0.09
pH	8.16	8.36	7.73	0.09	0.01
有效硫（毫克/千克）	25.15	70.06	8.97	7.08	0.28
有效锰（毫克/千克）	908.27	2 419.00	2.00	792.97	0.87
水溶性硼（毫克/千克）	0.26	0.73	0.13	0.06	0.24
有效铜（毫克/千克）	0.98	2.13	0.28	0.19	0.19
有效锌（毫克/千克）	0.73	2.28	0.17	0.23	0.31
有效铁（毫克/千克）	7.53	15.00	3.94	1.28	0.17

（三）主要存在的问题

本级耕地，均为旱地，水分不足，质地较差，有轻度侵蚀，有机质含量较低，氮、磷比例失调。

（四）合理利用

统一规划，综合治理，以生物措施为主，结合工程措施，控制水土流失，增施有机肥料，提高土壤肥力，建设高产稳产农田。

四、四 级 地

（一）面积与分布

本级耕地主要分布于沁县主要丘陵低山中、下部及坡麓平坦地，总面积 145 456.84亩，占总耕地面积的 24.25%。

沁县四级耕地各乡（镇）面积统计见表 4-13。

表 4-13 沁县四级耕地各乡（镇）面积统计表

乡（镇）	面积（亩）
定昌镇	12 358.54
郭村镇	2 084.72
故县镇	21 511.39
新店镇	15 767.07
漳源镇	10 279.57
册村镇	18 160.11
段柳乡	16 469.7
松村乡	7 618.46
次村乡	4 475.93
牛寺乡	7 048.78
南里乡	18 635.18
南泉乡	3 493.59
杨安乡	7 553.8

（二）主要属性分析

本级耕地水土流失较为严重，质地较差，土层较薄，土壤主要包括红黄土质褐土性土、黄土质褐土性土，成土母质为黄土，地面坡度≤8°，耕层厚度 20～30 厘米，耕层质地为沙壤土、轻壤土，有机质含量在 7.98～24.63 克/千克，平均值为 13.12 克/千克；全氮含量为 0.50～1.44 克/千克，平均值为 0.81 克/千克；pH 的变化范围为 7.73～8.44，平均值为 8.18；有效磷含量为 2.58～16.42 毫克/千克，平均值为 7.33 毫克/千克；速效钾含量为 104～355 毫克/千克，平均值为 162.88 毫克/千克。见表 4-14。

表 4-14 沁县四级耕地养分统计表

项 目	平均值	最大值	最小值	标准差	变异数
有机质（克/千克）	13.12	24.63	7.98	1.68	0.13
全 氮（克/千克）	0.81	1.44	0.50	0.12	0.15

（续）

项　目	平均值	最大值	最小值	标准差	变异数
有效磷（毫克/千克）	7.33	16.42	2.58	1.95	0.27
速效钾（毫克/千克）	162.88	355.07	104.27	25.95	0.16
缓效钾（毫克/千克）	981.60	1 271.96	550.20	92.05	0.09
pH	8.18	8.44	7.73	0.08	0.01
有效硫（毫克/千克）	25.24	96.67	9.35	7.94	0.31
有效锰（毫克/千克）	858.62	2 419.00	2.00	755.72	0.88
水溶性硼（毫克/千克）	0.25	0.78	0.12	0.06	0.24
有效铜（毫克/千克）	0.97	1.77	0.35	0.19	0.20
有效锌（毫克/千克）	0.69	2.37	0.17	0.25	0.36
有效铁（毫克/千克）	7.67	18.29	3.54	1.41	0.18

（三）主要存在的问题

本级耕地降水少而蒸发量大，土体干旱，农业生产水平低，活土层薄，肥力低。

（四）合理利用

修坝垒堰，修建水平梯田，种植绿肥，增施有机肥料，培肥地力，深耕改土，促进土壤熟化。

五、五　级　地

（一）面积与分布

本级耕地主要分布于新店镇、牛寺乡、郭村镇、次村乡、南泉乡、册村镇、漳源镇、杨安乡丘陵低山中、下部及坡麓，故县镇、段柳乡、松村乡、南里乡有少量零星分布。总面积 54 424.06 亩，占总耕地面积的 9.07%。

沁县五级地各乡（镇）面积统计见表 4 - 15。

表 4 - 15　沁县五级地各乡（镇）面积统计表

乡（镇）	面积（亩）
定昌镇	1 133.29
郭村镇	5 115.21
故县镇	1 603.45
新店镇	21 808.17
漳源镇	3 416.58
册村镇	4 131.65
段柳乡	1 705.92
松村乡	1 317.22
次村乡	104.67

（续）

乡（镇）	面积（亩）
牛寺乡	5 515.35
南里乡	1 232.92
南泉乡	4 049.87
杨安乡	3 289.76

（二）主要属性分析

本级耕地干旱瘠薄，有不同程度的水土流失，质地不良，土壤包括红黄土质褐土性土、黄土质褐土性土，成土母质为黄土，地面坡度 8°～15°，耕层厚度 20～25 厘米，耕层质地为沙壤土、轻壤土，有机质含量为 5.67～20.67 克/千克，平均值为 13.12 克/千克；全氮含量为 0.52～1.73 克/千克，平均值为 0.81 克/千克；pH 的变化范围为 7.73～8.35，平均值为 8.16；有效磷含量为 2.4～15.1 毫克/千克，平均值为 7.13 毫克/千克；速效钾含量为 104～345 毫克/千克，平均值为 161 毫克/千克。见表 4-16。

表 4-16 沁县五级耕地养分统计表

项　目	平均值	最大值	最小值	标准差	变异数
有机质（克/千克）	13.12	20.67	5.67	1.78	0.14
全氮（克/千克）	0.81	1.73	0.52	0.11	0.14
有效磷（毫克/千克）	7.13	15.10	2.36	1.65	0.23
速效钾（毫克/千克）	161.03	345.61	104.27	28.47	0.18
缓效钾（毫克/千克）	981.34	1 300.35	317.52	107.79	0.11
pH	8.16	8.36	7.73	0.08	0.01
有效硫（毫克/千克）	25.52	73.39	9.73	7.82	0.31
有效锰（毫克/千克）	1 029.00	2 419.00	2.00	884.03	0.86
水溶性硼（毫克/千克）	0.29	0.56	0.12	0.06	0.21
有效铜（毫克/千克）	1.05	2.41	0.51	0.20	0.19
有效锌（毫克/千克）	0.76	1.68	0.25	0.21	0.27
有效铁（毫克/千克）	7.83	15.90	3.94	1.43	0.18

（三）主要存在的问题

土壤中度侵蚀，热量不足，活土层薄，肥力较低，地面有一定坡度，耕作粗放。

（四）合理利用

修埂垒堰，防止侵蚀，加厚耕作层，增施热性肥料，轮作倒茬，用养结合，培肥地力，精耕细作，建设保水、保肥、保土的"三保田"，提高单产。

六、六级地

（一）面积与分布

本级耕地主要分布于杨安乡、次村乡、新店镇、故县镇、段柳乡的山地、丘陵（中、下）部的缓坡地段，地面有一定坡度，其他乡（镇）为零星少量分布。总面积 16 529.56 亩，占总耕地面积的 2.76%。

沁县六级地各乡（镇）面积统计见表 4-17。

表 4-17 沁县六级地各乡（镇）面积统计表

乡（镇）	面积（亩）
定昌镇	258.78
郭村镇	159.91
故县镇	1 391.79
新店镇	2 523.78
漳源镇	1 069.25
册村镇	687.3
段柳乡	973.79
松村乡	372.58
次村乡	3 107.72
牛寺乡	650.01
南里乡	397.22
南泉乡	1 328.32
杨安乡	3 609.11

（二）主要属性分析

本级耕地水土流失严重，土壤质地不良，土壤主要包括砂页岩质褐土性土、黄土质褐土性土，成土母质为红黄土，地面坡度较大，耕层较薄，耕层质地为沙壤土和中壤土，有机质含量为 7.98～25.88 克/千克，平均值为 14.03 克/千克；全氮含量为 0.49～1.64 克/千克，平均值为 0.87 克/千克；pH 的变化范围为 7.73～8.36，平均值为 8.15；有效磷含量为 2.80～19.39 毫克/千克，平均值为 8.11 毫克/千克；速效钾含量为 114～365 毫克/千克，平均值为 174.5 毫克/千克。见表 4-18。

表 4-18 沁县六级耕地养分统计表

项 目	平均值	最大值	最小值	标准差	变异数
有机质（克/千克）	14.03	25.88	7.98	2.19	0.16
全氮（克/千克）	0.87	1.64	0.49	0.16	0.18
有效磷（毫克/千克）	8.12	19.39	2.80	2.32	0.29
速效钾（毫克/千克）	174.47	364.53	114.07	30.35	0.17
缓效钾（毫克/千克）	1 001.10	1 300.35	700.65	94.11	0.09
pH	8.15	8.36	7.73	0.10	0.01
有效硫（毫克/千克）	24.79	70.06	10.87	6.79	0.27
有效锰（毫克/千克）	989.72	2 419.00	2.00	808.18	0.82

(续)

项　目	平均值	最大值	最小值	标准差	变异数
水溶性硼（毫克/千克）	0.26	0.78	0.13	0.06	0.23
有效铜（毫克/千克）	1.00	2.05	0.37	0.20	0.20
有效锌（毫克/千克）	0.71	1.94	0.18	0.22	0.30
有效铁（毫克/千克）	7.54	14.00	3.67	1.48	0.20

（三）主要存在的问题

本级耕地土壤熟化程度低，有机质、氮、磷俱缺，产量低而不稳，有些陡坡地需要进行还牧还林。

（四）合理利用

统一规划，综合治理，以生物措施为主，结合工程措施，控制水土流失，增施有机肥料，提高土壤肥力，建设高产稳产农田。

第五章　中低产田类型分布及改良利用

第一节　中低产田类型及分布

中低产田是指存在各种制约农业生产的土壤障碍因素，产量相对低而不稳定的耕地。

通过对沁县耕地地力状况的调查，根据土壤主导障碍因素的改良主攻方向，依据《全国中低产田类型划分与改良技术规范》（NY/T 310—1996），结合实际进行分析，沁县中低产田包括如下四个类型：干旱灌溉改良型、坡地梯改型、瘠薄培肥型、障碍层次型，中低产田面积为 530 092.07 亩，占总耕地面积的 88.35%（表 5 - 1）。

表 5 - 1　沁县各类型中低产田面积统计表

类　型	面积（亩）	占总耕地面积（%）	占中低产田面积（%）
坡地梯改型	156 134.99	26.02	29.45
干旱灌溉改良型	150 155.27	25.03	28.33
瘠薄培肥型	214 055.82	35.68	40.38
障碍层次型	9 745.99	1.62	1.84
合　计	530 092.07	88.35	100

一、坡地梯改型

坡地梯改型是指主导障碍因素为土壤侵蚀以及与其相关的地形、地面坡度、土体厚度、土体构型与物质组成、耕作熟化层厚度及熟化程度等，需要通过修筑梯田、梯埂等田间水保工程加以改良治理的坡耕地。

沁县坡地梯改型中低产田面积为 156 134.99 亩，占总耕地面积的 26.02%。共有 5 315 个评价单元，主要分布在本县的丘陵、低山（中、下）部及部分黄土垣、梁。

二、干旱灌溉改良型

干旱灌溉改良型是指由于气候条件造成的降水不足或季节性出现降水不均，又缺少必要的调蓄手段以及地形、土壤性状等方面的原因，造成的保水蓄水能力的缺陷，不能满足作物正常生长所需的水分需求，但又具备水源开发条件，可以通过发展灌溉加以改良的耕地。沁县灌溉改良型中低产田面积 150 155.27 亩，占总耕地面积的 25.03%，共有 2 576 个评价单元。主要分布于册村镇、郭村镇、定昌镇、段柳乡、松村乡、新店镇、牛寺乡、漳源镇、故县镇、南里乡的河流两岸一级、二级阶地，南泉乡、次村乡、杨安乡有少量零星分布。

三、瘠薄培肥型

瘠薄培肥型是指受气候、地形条件限制，造成干旱、缺水、土壤养分含量低、结构不良、施肥不足、产量低于当地高产农田，只能通过逐年深耕、培肥土壤、改革耕作制度，推广旱作农业技术等长期性的措施逐步加以改良的耕地。

沁县瘠薄培肥型中低产田面积为 214 055.82 亩，占耕地总面积的 35.68%，共有9 820个评价单元。地力等级评价中的 4～6 级耕地基本上属于此种类型的中低产田。

四、障碍层次型

障碍层次型是指土壤剖面构型上有严重缺陷的耕地，如土体过薄，剖面 1 米以内有沙漏、砾石、料姜等障碍层次。

沁县障碍层次型中低产田面积为 9 745.99 亩，占耕地总面积的 1.62%，共有 163 个评价单元。主要分布于沁县西北部，涉及镇村为：漳源镇庄立村、沙圪陀村、王可村、向阳村、羊庄村、北南沟村、萝卜港村；郭村镇元王村、端村、上湾村等。

第二节　生产性能及存在问题

一、坡地梯改型

该类型中低产田地面坡度＞10°，以中度侵蚀为主，园田化水平较低，土壤类型为褐土性土，土壤母质为黄土母质，耕层质地为轻壤、中壤，质地构型有通体壤、壤夹黏，有效土层厚度大于 150 厘米，耕层厚度 18～20 厘米，地力等级多为 3 级，土壤有机质平均含量 14.41 克/千克，全氮平均含量 0.84 克/千克，有效磷平均含量 9.19 毫克/千克，速效钾平均含量 175.37 毫克/千克。

存在的主要问题是土质粗劣，水土流失比较严重，土体发育微弱，土壤干旱瘠薄、耕层浅。

二、干旱灌溉改良型

干旱灌溉改良型中低产田，土壤耕性良好，宜耕期长，保水保肥性能较好。土壤类型为石灰性褐土，土壤母质为黄土状物质，地面坡度 0°～9°，园田化水平较高，有效土层厚度＞150 厘米。耕层厚度 25 厘米，地力等级为 2 级。土壤有机质平均含量 13.18 克/千克，全氮平均含量 0.81 克/千克，有效磷平均含量 7.25 毫克/千克，速效钾平均含量150.49 毫克/千克。

存在的主要问题是地下水源缺乏，水利条件差，灌溉保证率＜60%，施肥水平低，管理粗放，产量不高。

三、瘠薄培肥型

该类型中低产田土壤轻度侵蚀或中度侵蚀，多数为旱耕地，高水平梯田和缓坡地梯田居多，土壤类型为褐土性土，各种地形、各种质地均有，有效土层厚度＞150厘米。耕层厚度20厘米，地力等级为4～6级。耕层有机质平均含量13.7克/千克，全氮平均含量0.83克/千克，有效磷平均含量8.11毫克/千克，速效钾平均含量166.58毫克/千克。

存在的主要问题是田面不平，水土流失严重，干旱缺水，土质粗劣，肥力较差。

四、障碍层次型

该类型中低产田土壤有效土层厚度＜100厘米。耕层厚度15～25厘米，地力等级为4～6级。耕层有机质平均含量12.82克/千克，全氮平均含量0.84克/千克，有效磷平均含量10.9毫克/千克，速效钾平均含量133.92毫克/千克（表5-2）。

表5-2　各类型中低产田土壤养分含量

土种	pH	有机质（克/千克）	全氮（克/千克）	有效磷（毫克/千克）	缓效钾（毫克/千克）	速效钾（毫克/千克）	有效铁（毫克/千克）	有效锰（毫克/千克）	有效铜（毫克/千克）	有效锌（毫克/千克）	水溶性硼（毫克/千克）	有效硫（毫克/千克）
坡地梯改型	8.16	14.43	0.86	9.19	1 010	176.2	7.5	13.54	0.97	0.73	0.26	25.73
干旱灌溉型	8.18	13.28	0.81	7.24	962.4	152	7.63	14.11	0.97	0.72	0.26	23.96
瘠薄培肥型	8.17	13.34	0.82	7.47	986.3	165.4	7.66	13.65	0.99	0.71	0.26	25.21
障碍层次型	8.19	12.82	0.84	10.92	977.5	133.9	8.38	13.17	1.06	0.51	0.27	19.24

该类型中低产田存在主要问题是土壤干旱瘠薄，水土流失严重，土壤质地不良，多为沙土，土层薄，土体中含有砾石料姜，熟化程度低，有机质、氮、磷俱缺，产量低而不稳。

第三节　改良利用措施

沁县中低产田面积530 092.08亩，占现有耕地的88.35%，严重影响沁县农业生产的发展和农业经济效益，应因地制宜进行改良。

一、耕作培肥的改良效果

总体上讲，中低产田的改良、耕作、培肥是一项长期而艰巨的任务。通过工程、生物、农艺、化学等综合措施，消除或减轻中低产田限制农业产量提高的各种障碍因素，提高耕地基础地力，其中，耕作培肥对中低产田的改良效果是极其显著的。具体措施如下。

1. 施有机肥　增施有机肥，增加土壤有机质含量，改善土壤理化性状并为作物生长提供部分营养物质。据调查，有机肥的施用量达到每年2 000～3 000千克/亩，连续施用

3年，可获得理想效果。主要通过秸秆还田和施用堆肥厩肥、人粪尿及禽畜粪便来实现。

2. 校正施肥 依据当地土壤实际情况和作物需肥规律选用合理配比，有效控制化肥不合理施用对土壤性状的影响，达到提高农产品品质的目的。

（1）巧施氮肥：速效性氮肥极易分解，通常施入土壤中的氮素化肥的利用率只有25％～50％，或者更低。这说明施入土壤中的氮素，挥发渗漏损失严重。所以在施用氮素化肥时一定注意施肥方法施肥量和施肥时期，提高氮肥利用率，减少损失。

（2）重施磷肥：沁县地处黄土丘陵区，大多数耕地属褐土性土。土壤中的磷常被固定，而不能发挥肥效。加上部分群众重氮轻磷，作物吸收的磷得不到及时补充。试验证明，在缺磷土壤上增施磷肥，增产效果明显。可以增施人粪尿与骡马粪堆沤肥，其中的有机酸和腐殖酸能促进非水溶性磷的溶解，提高磷素的活力。

（3）因地施用钾肥：沁县土壤中钾的含量虽然在短期内不会成为限制农业生产的主要因素，但随着农业生产进一步发展和作物产量的不断提高，土壤中的有效钾的含量也会处于不足状态，所在在生产中，应定期监测土壤中钾的动态变化，及时补充钾素。

（4）重视施用微肥：作物对微量元素肥料需要量虽然很小，但能提高产品产量和品质，有其他大量元素不可替代的作用。据调查，沁县土壤中微量元素含量均不高，近年来通过玉米施锌试验，增产效果均很明显。

二、不同中低产田的改良措施

然而，不同的中低产田类型有其自身的特点，在改良利用中应针对这些特点，采取相应的措施，现分述如下。

1. 坡地梯改型中低产田的改良利用

（1）梯田工程：此类地形区的深厚黄土层为修建水平梯田创造了条件。梯田可以减少坡长，使地面平整，变降雨的坡面径流为垂直入渗，防止水土流失，增强土壤水分储备和抗旱能力；可采用缓坡修梯田，陡坡栽树种草，增加地面覆盖度加以改良。

（2）增加梯田土层及耕作熟化层厚度：新建梯田的土层厚度相对较薄，耕作层熟化程度较低。梯田土层厚度及耕作熟化层厚度的增加是这类田地改良的关键。梯田土层厚度的一般标准为：土层厚大于80厘米，耕作熟化层大于15厘米，有条件的应达到土层厚大于100厘米，耕作熟化层厚度大于20厘米。

（3）农、林、牧并重：此类耕地今后的利用方向应是农、林、牧并重，因地制宜，全面发展。此类耕地应发展种草、植树，扩大林地和草地面积，促进养殖业发展，将生态效益和经济效益结合起来，如实行农（果）林复合农业等。

2. 干旱灌溉改良型中低产田的改良利用

（1）水源开发及调蓄工程：干旱灌溉型中低产田地处位置，具备水资源开发条件。在这类地区增加适当数量的水井，修筑一定数量的调水、蓄水工程，以保证一年一熟地浇水3～6次，毛灌定额300～500米³/亩。

（2）田间工程及平整土地：一是平田整地采取小畦浇灌，节约用水，扩大浇水面积；二是积极发展管灌、滴灌，提高水的利用率；三是二级阶地除适量增加深井外，要进一步修复和提高灌溉潜力，扩大灌溉面积。

3. 瘠薄培肥型中低产田的改良利用

（1）平整土地与条田建设：将平坦垣面及缓坡地规划成条田，平整土地，以蓄水保墒。有条件的地方，开发利用地下水资源和引水上垣，逐步扩大垣面水浇地面积。通过水土保持和提高水资源开发水平，发展粮果生产。

（2）实行水保耕作法：在平川区推广地膜覆盖、生物覆盖等旱作农业技术；山地、丘陵推广丰产沟田或者其他高耕作物及种植制度和地膜覆盖、生物覆盖等旱农技术，有效保持土壤水分，满足作物需求，提高作物产量。

（3）大力兴建林带植被：因地制宜地造林、种草与农作物种植有效结合，兼顾生态效益和经济效益，发展复合农业。

4. 障碍层次型中低产田的改良利用

障碍层次型中低产田改良利用的核心是增加耕层厚度，进一步通过增施有机肥、秸秆还田等农艺措施熟化耕作层土壤，在底沙类障碍层次型中低产田的施肥方法上，要少量多次进行，以保证肥料效应的最大化。表5-3至表5-6为各类型中低产田具体改良措施及改良指标。

表5-3　坡地梯改型中低产田的改良利用措施

改良措施		改　良　指　标				
梯田工程　增加梯田土层及耕作熟化层厚度		坡度（°）	机耕条件	梯田面宽（米）	梯田距离（米）	梯田埂占地（%）
		5～10	大型拖拉机	15	1～1.5	2～5
		10～15	中型拖拉机	10	1.5～2	5～8
		>15	小型拖拉机	<5	≥2	8～11
耕作培肥	深翻	3年内深耕1～2次，加厚耕层3～5厘米，耕作层熟化层达到>15厘米				
	增施有机肥	每年30 000～45 000千克/公顷，连续3～5年				
	种植制度	大秋粮食套种大豆，一年生绿肥，麦、油、豆轮作连续3～5年				
	秸秆还田	连续3～5年				
	校正施肥	每公顷磷15千克、钾48千克，连续3年				
林带植被建设		占地面积80%				

表5-4　干旱灌溉改良型中低产田的改良利用措施

改良措施		改　良　指　标
水源开发及调蓄工程		一年一熟保灌3～6次，毛灌定额4 500～7 500米³/公顷
田间工程及平整土地		适应不同灌溉方式的要求
林带植被建设		占地面积大于15%
耕作培肥	种植绿肥	每年覆盖面积30%，3年轮种1次
	增施有机肥	30 000～45 000千克/公顷，连续3年
	校正施肥	每公顷磷肥600千克（P_2O_5 72千克）连续3年
淤灌工程		洪水灌溉每年淤厚20～30厘米

表 5 - 5 瘠薄培肥型中低产田的改良利用措施

改良措施		改 良 指 标
平整土地与条田建设		平坦垣面及缓坡地规划成条田
水保耕作法		推广丰产沟或其他等高耕作、等高种植制度，连续 3～5 年
林带植被建设		林、草、作物总植被覆盖率大于 80%（无裸露面积）
耕作培肥	深翻	3 年内深耕 1～2 次，加深耕层 3～5 厘米，耕作层熟化层达到＞15 厘米
	种植制度	大秋粮食套种大豆，种植绿肥，麦、油、豆轮作连续 3～5 年
	秸秆还田	连续 3 年
	增施有机肥	30 000～45 000 千克/公顷，连续 3 年
	校正施肥	每公顷磷肥 900 千克（$P_2O_5$153 千克）连续 3 年

表 5 - 6 障碍层次型中低产田的改良利用措施

改良措施		改 良 指 标
平整土地		地面坡度小于 3°
耕作培肥	加厚耕层	3～5 厘米（耕层厚度大于 20 厘米）
	增施有机肥	30 000～45 000 千克/公顷，连续 3～5 年
	秸秆还田	连续 3 年
	校正施肥	每公顷磷肥 900 千克（$P_2O_5$102～153 千克）连续 3 年
林带植被建设		占地面积 5%～10%

第六章 耕地地力调查与质量评价的应用研究

第一节 耕地资源合理配置研究

一、耕地数量平衡与人口发展配置研究

沁县为山西省传统农业大县,2011 年有耕地 59.9 万亩(全国第二次耕地调查),人口 17.3 万人,人均耕地为 3.46 亩。从耕地保护形势看,由于沁县农业产业结构调整,退耕还林,山庄撂荒、公路、乡镇企业基础设施等非农建设占用耕地,导致耕地面积逐年减少,人地矛盾势必会出现危机。从沁县人民生存和经济可持续发展的高度出发,采取措施实现沁县耕地总量动态平衡刻不容缓。

实际上,沁县扩大耕地总量仍有很大潜力,只要合理安排,科学规划,集约利用,就完全可以兼顾耕地与建设用地的要求,实现经济社会的全面可持续发展。

二、耕地地力与粮食生产能力分析

(一)耕地粮食生产能力

耕地生产能力是决定粮食产量的重要因素之一。近年来,由于种植业结构调整和建设用地,退耕还林还草等因素的影响,粮食播种面积在不断减少,而人口却在不断增加,对粮食的需求量也在增加,因此,保证本县粮食生产安全,深入挖掘耕地生产潜力已成为沁县农业生产中的大事。

耕地生产能力是由土壤本身肥力所决定的,其生产能力分为现实生产能力和潜在生产能力。

1. 现实生产能力 沁县 2011 年有耕地面积 59.9 万亩(包括已退耕还林及园林面积),而中低产田就有 53 万亩之多,占总耕地面积的 88.35%,而且绝大部分为旱地,这必然造成沁县现实生产能力偏低的现状。再加上农民对施肥,特别是有机肥的忽视以及耕作管理措施粗放,这都是造成耕地现实生产能力不高的原因。2011 年,沁县粮食播种面积为 374 760 亩,粮食总产量为 156 590 吨,亩产约 418 千克;油料作物播种面积为 0.018 万亩,总产量为 27.5 吨,亩产约 152.8 千克/亩,蔬菜面积为 1.282 5 万亩,总产量为 28 394.55 吨,亩产为 2 214 千克。

2010—2012 年,沁县土壤有机质含量平均为 13.71 克/千克,全氮平均含量为 0.83 克/千克,有效磷平均含量为 8.10 毫克/千克,速效钾平均含量为 166.58 毫克/千克。水源充足,但灌溉设施不完善,灌溉条件较差。

2. 潜在生产能力　生产潜力是指在正常的社会秩序和经济秩序下所能达到的最大产量。从历史的角度和长期的利益来看，耕地的生产潜力是比粮食产量更为重要的粮食安全因素。

沁县是山西省较大的粮食、蔬菜生产基地之一，土地资源较为丰富，土质较好，光热资源充足。沁县现有耕地中，一级、二级、三级地共有 38.35 万亩，占总耕地面积的 64%，其亩产大于 500 千克；四级、五级、六级耕地，即亩产量小于 500 千克的耕地共 21.55 万亩，占总耕地面积的 36%。经过对沁县耕地地力等级的评价得出，59.9 万亩耕地以全部种植玉米计算，其粮食最大生产能力为 26 955 万千克，平均亩产 450 千克。

纵观沁县近年来的粮食、油料作物、蔬菜的亩产量和沁县农民对耕地的经营状况，沁县耕地还有巨大的生产潜力可挖。沁县平均海拔低，属丘陵区，地势落差不大，水资源丰富，发展农田水利大有可为，通过发展农业灌溉，改善水利条件，土地生产潜力可以有效释放。如果在农业生产中加大有机肥的投入，采取平衡施肥措施和科学合理的耕作技术，沁县耕地的生产能力还可以再提高。从近几年对玉米、谷子平衡施肥观察点的经济效益对比来看，平衡施肥区较习惯施肥区的增产率都在 12% 左右，甚至更高。如果能进一步提高农业投入比重，提高劳动者素质，下大力气加强农业基础建设，特别是农田水利建设，稳步提高耕地综合生产能力，走农林牧相结合的道路，则农业增效、农民增收就一定能实现。

（二）不同时期人口、食品构成及粮食需求分析预测

农业是国民经济的基础，粮食是关系国计民生和国家自立与安全的特殊产品。从新中国成立初期到现在，沁县人口数量、食品构成和粮食需求都在发生了巨大变化。新中国成立初期，居民食品结构主要以粮食为主，也有少量的肉类食品，水果、蔬菜的比重很小。随着社会进步，生产的发展，人民生活水平逐步提高。到 20 世纪 80 年代初，居民食品结构依然以粮食为主，但肉类、禽类、水果、蔬菜等副食品的比重均有了较大提高。到 2011 年，沁县人口增至 17.3 万，居民食品结构中，粮食所占比重有明显下降，肉类、禽蛋、水产品、豆制品、水果、蔬菜、食糖等副食品则占有相当比重，粮食生产结构中，小麦种植比例下降尤为明显。2010 年，沁县小麦播种面积仅占总播种面积的 0.5%，小麦自给能力急剧下降，全靠市场供应。

沁县粮食人均需求按国际通用粮食安全 400 千克计，沁县粮食需求总量预计将达 6.92 万吨。随着人们生活水平的提高，人们对食品需要的多样性以及食品加工的多样化都对粮食生产提出了更高的要求。

综上所述，沁县粮食生产存在着巨大的增产潜力。随着资本、技术、劳动投入、政策、制度等条件的逐步完善，沁县粮食的产出继续增加终将成为现实。

（三）优质粮食生产基地建设

粮食是人类生存和社会发展最重要的产品，是具有战略意义的特殊商品，粮食安全不仅是国民经济持续健康发展的基础，也是社会安定、国家安全的重要组成部分。2010 年的世界粮食危机已给一些国家经济发展和社会安定造成一定不良影响。近年来，随着农资价格上涨，种粮效益低等因素的影响，农民种粮积极性也受到影响，但沁县始终要立足农业大县的实际，坚持不懈地把粮食生产放在重中之重的位置，认真贯彻落实各级各部门的强农惠农政策，大力实施农业基础项目，改善农业生产条件，促进农业向高产、高效、优质的方向迈进。

三、耕地资源合理配置意见

在确保粮食生产安全的前提下，优化耕地资源利用结构，合理配置其他作物占地比例。结合实际，对沁县耕地资源进行如下配置：59.9 万亩耕地，其中 40 万亩用于粮食生产；20 万亩耕地用于蔬菜、水果、中药材、油料等作物生产。其中，蔬菜 10 万亩，占用耕地面积 16.7%；药材占地 2 万亩，占用 3.3%；水果占地 3 万亩，占用 5.0%；核桃经济林 5 万亩，占用 8.3%。

根据《土地管理法》和《基本农田保护条例》划定沁县基本农田保护区，将水利条件、土壤肥力条件好，自然生态条件适宜的耕地划为口粮和国家商品粮生产基地，长期不许占用。在耕地资源利用上，必须坚持基本农田总量平衡的原则。一是建立完善的基本农田保护制度，用法律保护耕地；二是明确各级政府在基本农田保护中的责任，严禁占用保护区内耕地，严格控制城乡建设用地；三是实行基本农田损失补偿制度，实行谁占用、谁补偿的原则；四是建立监督检查制度，严厉打击无证经营和乱占耕地的单位和个人；五是建立基本农田保护基金，县政府每年投入一定资金用于基本农田建设，大力挖潜存量土地；六是合理调整用地结构，运用市场经济的规律调配耕地。

同时，在耕地资源配置上，要以粮食生产安全为前提，以农业增效、农民增收为目标，逐步提高耕地质量，调整种植业结构，推广优质农产品，应用优质高效、生态安全的栽培技术，提高耕地利用率。

第二节　耕地地力建设与土壤改良利用对策

一、耕地地力现状及特点

耕地质量包括耕地地力和土壤环境质量 2 个方面，此次调查与评价共涉及耕地土壤点位 4 300 个，耕地图斑 19 359 个。经过 3 年的调查分析，基本查清了沁县耕地地力现状与特点。

（一）耕地土壤养分含量总体不断提高

从这次调查结果看，沁县耕地土壤有机质含量为 13.7 克/千克，属省四级水平，与第二次土壤普查的 10.2 克/千克相比提高了 3.5 克/千克；全氮平均含量为 0.83 克/千克，属省四级水平，与第二次土壤普查的 0.69 克/千克相比提高了 0.14 克/千克；有效磷平均含量 8.1 毫克/千克，属省五级水平，与第二次土壤普查的 9.5 毫克/千克相比下降了 1.4 毫克/千克；速效钾平均含量为 166 毫克/千克，属省三级水平，与第二次土壤普查的平均含量 101 毫克/千克相比提高了 65 毫克/千克。中微量元素除硼、硫属省五级水平外，其余铁、锰、铜、锌均属省四级水平。

（二）土壤质地好

据调查，沁县耕地土壤主要有沙壤土、轻壤土、中壤土、重壤土4类。其中，轻壤面积为441 882.66亩，占总耕地面积的73.65％；沙壤面积为145 554.10亩，占总耕地面积的24.26％。绝大多数地块地势平坦，土层深厚，宜耕性好，宜耕期长，有利于现代农业的发展。

（三）耕作历史悠久，土壤熟化度高

沁县农业历史悠久，土质良好，加以多年的耕作培肥，土壤熟化程度高。据调查，有效土层厚度平均达150厘米以上，耕层厚度为20～35厘米，适种作物广，生产水平高。

二、存在主要问题及原因分析

（一）中低产田面积较大

据调查，沁县共有中低产田面积53万亩，占总耕地面积88.35％，按主导障碍因素的改良主攻方向，依据《全国中低产田类型划分与改良技术规范》（NY/T 310—1996），结合实际进行分析，沁县中低产田包括坡地梯改型、干旱灌溉改良型、瘠薄培肥型和障碍层次型4大类型，其中坡地梯改型15.61万亩，占耕地总面积的26.02％；干旱灌溉改良型15.02万亩，占耕地总面积的25.03％；瘠薄培肥型21.4万亩，占耕地总面积的35.68％；障碍层次型0.975万亩，占耕地总面积的1.62％，

中低产田面积大，类型多。主要原因：一是自然条件恶劣，沁县地形地貌复杂，山、川、沟、垣、堑俱全，水土流失严重；二是农田基本建设投入不足，中低产田改造措施不力；三是农民施肥投入不足，尤其是有机肥施用量仍处于较低水平。

（二）耕地地力不足，耕地生产效率低

沁县耕地虽然经过排、灌、路、林综合治理，农田生态环境不断改善，耕地单产、总产呈现上升趋势，但近年来，农业生产资料价格一再上涨，农业成本较高，甚至出现种粮赔本现象，大大挫伤了农民种粮的积极性。一些农民通过过量增施氮肥获取高产，耕作粗放，结果导致土壤结构变差，土壤养分失衡。

（三）施肥结构不合理

作物要从土壤中吸取它必需的各种养分，为了保持土壤肥力，就必须把被吸收走的养分以肥料的形式归还给土壤，以保持土壤养分平衡，否则土壤肥力就会减退，作物产量就会下降。因此，施肥直接影响到土壤中各种养分的含量。近年来，农民在施肥上存在的问题，突出表现为"三重三轻"：第一，重产量，轻品质。第二，重复混肥料，轻专用肥料。随着我国化肥市场的快速发展，复混（合）肥异军突起，其应用对土壤养分的变化也有影响，许多复混（合）肥杂而不专，农民对其依赖性较大，而对于自己所种作物的需肥规律，底子不清，导致盲目施肥。第三，重化肥使用，轻有机肥使用。近些年来，农民将大部分有机肥特别是优质有机肥施用于经济作物，而很大一部分耕地有机肥的施用却明显不足。

三、耕地培肥与改良利用对策

（一）多种渠道提高土壤肥力

1. 增施有机肥，提高土壤有机质　近年来，由于农家肥肥源不足和化肥的发展，本县耕地有机肥施用量明显不足，可以通过以下措施加以解决：①广种饲草，增加畜禽，以牧养农；②大力种植绿肥，种植绿肥是培肥地力的有效措施，也可以采用粮肥间作或轮作的方式培肥地力；③大力推广秸秆还田技术，秸秆还田是目前增加土壤有机质最有效最直接的方法之一。

2. 合理轮作，挖掘土壤潜力　不同作物需求养分的种类和数量不同，根系深浅不同，吸收土壤养分的能力也不同，各种作物的遗留残体其成分也有较大差异。因此，通过不同作物的合理轮作倒茬，可以促进土壤养分平衡，同时大力推广作物的立体间套作技术，实现土壤养分的协调利用。

（二）巧施氮肥

速效性氮肥极易分解，通常施入土壤中的氮素化肥的利用率只有 $25\% \sim 50\%$，或者更低。这说明施入土壤中的氮素，挥发渗漏损失严重。所以在施用氮肥时一定注意施肥量、施肥方法和施肥时期，提高氮肥利用率，减少损失。

（三）重施磷肥

土壤中的磷常被固定，而不能发挥肥效。加上长期以来群众重氮轻磷，作物吸收的磷得不到及时补充。试验证明，在缺磷土壤上增施磷肥增产效果明显，可以增施人粪尿、畜禽肥等有机肥，使其中的有机酸和腐殖酸促进非水溶性磷的溶解，提高磷素的活力。

（四）因地制宜施用钾肥

沁县土壤中钾的含量虽然在短期内不会成为限制农业生产的主要障碍因素，但随着农业生产进一步发展和作物产量的不断提高，土壤中有效钾的含量也会逐渐趋于不足状态，所以在生产中，应定期监测土壤中钾的动态变化，及时补充钾素。

（五）重视施用微肥

微量元素肥料，作物的需要量虽然很少，但对提高农产品产量和品质却有不可替代的作用。

（六）因地制宜，改良中低产田

沁县中低产田面积比较大，影响了耕地地力水平。因此，要从实际出发，分类配套改良技术，进一步提高沁县耕地地力质量。

四、成果应用与典型事例

典型材料——沁县 2010 年玉米高产创建活动

（一）计划任务完成情况

1. 实施区域及面积　2010 年，沁县玉米高产创建活动在沁县南部段柳乡、新店镇 208 国道两侧实施，总面积 10 000 亩。段柳乡 4 500 亩，分别是：青屯村 500 亩、段柳村 950 亩、樊村 900 亩、白家沟村 900 亩、青城村 400 亩、双沟 400 亩、闫家沟村 450 亩；新店镇 5 500 亩，分别是：小王村 900 亩、峪口村 750 亩、大桥沟村 400 亩、东庄村 450 亩、新店村 900 亩、魏家坡村 450 亩、栋村 450 亩、南池村 700 亩、姚头村 500 亩。实施区域本着规模连片的原则，沿 208 国道两侧整体推进，从段柳乡青屯村开始，向南延伸至浊漳河出境口，西至太焦铁路，东至山根底。直接辐射带动农户 9 000 户，带动实施高产创建面积 30 000 亩。

2. 实施效果 通过严格的组织管理和优化组装配套栽培技术，项目建设取得了良好效果。玉米高产创建示范项目完成面积 1 万亩，项目区平均亩产 688 千克，比项目实施前 3 年平均亩产增长 103 千克，增长 17.6%，比对比田亩增长 124 千克，实现项目总产 688 万千克，新增总产量 103 万千克。带动本县玉米生产以优质杂交种，测土配方施肥为载体，综合应用各种农业科学技术，不断完善操作技术规程，探索玉米节本增效高产栽培技术模式，大旱之年实现了产量飞跃。

（二）实施项目的主要内容

1. 建设"五统一"服务机制 扶持专业合作社、龙头企业、农机大户、种粮大户同农民填写"五统一"服务合同书或委托书，在条件不成熟的地方填写一项作业或几项作业服务合同书，通过合同让服务者和被服务者都吃上定心丸。积极组织专业技术人员组建植保、农机专业服务队，开展代耕代种，代防代治，提高整体作业水平。同时，组织有关专家根据沁县实际，制订服务细则及具体技术参数，规范服务质量，确保服务效果。引导示范区农户建立农民专业合作经济组织，积极开展产前、产中、产后服务。推动土地合理流转，发展适度规模经营。

2. 综合应用先进农业技术 从科学发展的高度，应用最先进的农业科学技术，确保高产、高效和可持续发展。根据示范区自然生态条件，向广大农民群众推荐适宜的玉米品种、实施测土配方施肥；普及病虫草害防治知识、玉米生长期水肥管理技术；提供秸秆还田、深松（深耕）、旋耕、适时镇压、精少量播种、化肥深施、中耕施肥除草、机械收获等技术和服务；整修机耕道路、栽植防护林、建设防洪排涝设施、完善小型集雨设施、实施平田整地、建设"三保田"。

3. 完善农业公共服务体系建设 建设与现代农业发展相适应的耕地质量监测体系，实现对耕地质量变化趋势的预警预报，为政府加强耕地质量建设与管理提供依据，为农民科学种田提供指导和服务。搞好病虫害预测，及时准确的预报病虫害发生趋势，指导农民开展病虫害防治，推广应用先进的防控技术。扶持农机服务体系建设，保证服务质量。

第三节　耕地污染防治对策与建议

一、污染源调查

2012 年，农业面源污染调查对象为种植业源、畜禽养殖业源、水产养殖业源。

（一）全面基础清查

1. 种植业源 沁县耕地面积 59.9 万亩，全为旱地。露地菜田面积 7 万亩，保护地菜田面积 3 万亩。平地（坡度≤5°）209 348.78 亩，缓坡地（5°~15°）374 066.23 亩，陡坡地

（≥15°）16 529.56 亩，坡地中梯田面积 353 343 亩，坡地中非梯田面积 111 483 亩。全年地膜用量 301.3 吨，厚度为≥0.007 毫米，地膜覆盖面积 120 500 亩，主要覆膜作物为玉米，瓜果类蔬菜和根茎叶类蔬菜。沁县地膜回收利用 60.3 吨。种植模式有 5 种，即北方高原山地区—缓坡地—非梯田—大田作物 84 101 亩，北方高原山地区—缓坡地—梯田—大田作物 266 737 亩，北方高原山地区—缓坡地—梯田—园地 31 259 亩，北方高原山地区—陡坡地—非梯田—大田作物 27 382 亩，北方高原山地区—陡坡地—梯田—大田作物 27 965 亩。

2. 畜禽养殖业源

（1）猪：甲级养猪场 1 户，年出栏 20 000 头；年出栏 1～49 头 1 496 户，共出栏 27 600 头；年出栏 50～99 头 21 户，共出栏 2 200 头；年出栏 100～499 头 16 户，共出栏 2 600 头；年出栏 500～999 头 1 户，共出栏 500 头。

（2）蛋鸡：甲级养殖户 1 户，年存栏 20 000 只；年存栏 500～1 999 只 5 户，年存栏 9 000 只；年存栏 2 000～9 999 只 15 户，年存栏 50 000 只；年存栏 10 000～49 999 只 1 户，年存栏 40 000 只。

（3）肉鸡：甲级养殖户 1 户，年出栏 20 000 只；年出栏 10 000～49 999 只 8 户，年出栏 260 000 只；年出栏 50 000～99 999 只 2 户，年出栏 100 000 只。

（4）奶牛：甲级养殖场 1 个，年存栏 20 头；年存栏 1～4 头 58 户，共存栏 176 头；年存栏 5～9 头 3 户，共存栏 19 头；年存栏 50～99 头 1 户，共存栏 68 头。

（5）肉牛：甲级养殖场 1 个，年出栏 200 头；年出栏 1～9 头 3 150 户，共出栏 17 000 头；年出栏 10～49 头 286 户，年出栏 4 000 头；年出栏 50～99 头 13 户，共出栏 650 头；年出栏 100～499 头 2 户，共出栏 250 头。

3. 水产养殖业源　县域内有规模化水产养殖场 2 个，养殖专业户 147 个，养殖总面积 361 亩，养殖品种有青鱼、草鱼、鲢、鳙、鲤。

（二）典型抽样调查

1. 种植业源　通过对 8 户 34.2 亩典型地块从种植模式到地膜覆盖及农业废弃物回收的调查，90% 种植模式为北方高原山地区—缓坡地—非梯田—大田作物，10% 种植模式为北方高原山区—陡坡地—梯田—大田作物；15% 地块利用地膜覆盖技术，50% 农户使用二元复合肥，50% 农户使用三元复合肥，养分含量为 N20～28，P_2O_5 11.5～15，K_2O 0～6。

2. 畜禽养殖业源　通过对 17 户养猪，20 户养蛋鸡，11 户养肉鸡，12 户养肉牛，3 户养奶牛的养殖户进行调查得知，100% 的养殖户是干清粪方式，无粪污处理设施，90% 的粪污直接利用农事工程。

3. 水产养殖业源　通过对网箱养殖户刘志强进行调查，养殖面积 200 米^2，养殖有草鱼 2 箱，鲤 2 箱，年养鱼 20 000 尾，年出鱼 20 000 千克，养殖使用干饲料撒饵喂养。

二、控制、防治、修复污染的方法与措施

（一）提高保护土壤资源的认识

土壤污染具有渐进性、长期性、隐蔽性和复杂性的特点，它对动物和人体的危害可通过食物链逐级累积，人们往往身处其害而不知其害，不像大气、水体污染易被察觉。土壤

污染除极少数突发性自然灾害（如火山活动）外，主要是人类活动造成的。土壤与大气、水体的污染是相互影响、相互制约的。同时，土壤也是各种污染物的最终聚集地。大气和水体中的污染物90％以上最终沉积在土壤中。反过来，污染土壤也将导致空气和水体的污染，如过量施用氮素肥料，就会因硝态氮渗漏进入地下水，引起地下水硝态氮超标。因此，在利用土壤资源，寻求经济发展，满足物质需求的同时，一定要防止土壤污染，保护生态环境，力求土地资源、生态环境、社会经济协调发展。

（二）土壤污染的预防措施

1. 执行国家有关污染物的排放标准　要严格执行国家有关部门颁发的污染物管理标准。如《农药登记规定》（1982）、《农药安全使用规定》（1982）、《工业"三废"排放试行标准》（1973）、《农用灌溉水质标准》（1985）、《征收排污费暂行办法》（1982）以及国家部门关于"污泥施用质量标准"规定，并加强对污水灌溉、固体废弃物的管理。

2. 建立土壤污染监测、预测与评价系统　以土壤环境标准为基准和土壤环境容量为依据，定期对辖区土壤环境质量进行监测，建立系统的档案材料，参照我国土壤环境污染物目录，确定优先检测的土壤污染物和测定标准及方法，按照污染次序进行调查、研究。加强土壤污染物总浓度的控制与管理。分析土壤污染物的累积因素和污染趋势，建立土壤污染物累积模型和土壤容量模型，发布控制土壤污染或减缓土壤污染的对策和措施。

3. 发展清洁生产　发展清洁生产工艺，加强"三废"治理，有效消除、削减、控制重金属污染源，以减轻对环境的影响。

（三）污染土壤的治理措施

不同污染型的土壤污染，其具体治理措施不完全相同，对已经污染的土壤要根据污染的实际情况进行改良。

1. 重金属污染土壤的治理措施　土壤中的重金属具有不移动性、累积性和不可逆性的特点。因此，要从降低重金属的活性，减小生物有效性入手，加强土、水管理。①通过调控农田的水分，调节土壤 Eh 值来降低土壤重金属的毒性。如铜、锌、铅等在一定程度上均可通过 Eh 值的调节来控制它的生物有效性。②客土、换土法。对于严重污染土壤采取客土或换土是一种切实有效的改变土壤环境方法。③生物修复。在严重污染的土壤上，采用超积累植物的生物修复技术是一个可行的方法。④施用有机物质等改良剂。利用有机物腐熟过程中产生的有机酸络合重金属，减少其污染。

2. 有机物合成类农药污染土壤的防治措施　对于有机合成类农药污染的土壤，应从加速土壤中农药的降解入手。可采用如下措施：①增施有机肥料，提高土壤对农药的吸附量，减轻农药对土壤的污染。②调控土壤 pH 和 Eh 值，加速农药的降解。不同有机农药降解对 pH、Eh 值要求不同，若降解反应属氧化反应或在好氧微生物作用下发生的降解反应，则应适当提高土壤 Eh 值。若降解反应是一个还原反应，则应降低 Eh 值。而绝大多数有机合成类农药都可在较高 pH 条件下加速分解。

第四节　农业结构调整与适宜性种植

近些年来，沁县农业的发展和产业结构调整工作取得了突出的成绩，但沁县属半干旱半湿润大陆性季风气候，十年九旱，水源条件虽然充足，但灌溉条件却严重滞后，农业产业结构不合理等问题，依然十分严重．因此，为适应新形势下农业发展的需要，增强沁县优势农产品参与国际市场竞争的能力，有必要进一步对沁县的农业产业结构进行战略性调整，从而促进沁县农业向更高层次发展，最终实现农业增效、农民增收。

一、农业结构调整的原则

一是要和国际农产品市场接轨，以增强沁县农产品在国际、国内市场的竞争力为原则。

二是要充分利用不同区域的生产条件、技术水平及经济基础条件，达到发挥优势的目的。

三是要充分利用耕地地力评价成果，正确处理作物与土壤的依托关系，正确处理作物与作物的搭配关系。

四是采用耕地资源管理信息系统，为区域结构调整的可行性提供宏观决策与技术服务平台。

五是保持行政隶属关系的基本完整。

根据以上原则，在今后一段时间内要紧紧围绕农业增效、农民增收这个目标，大力推进农业结构性战略调整，提升农产品的市场竞争力，促进农业生产向区域化、优质化、产业化、集约化发展。

二、农业结构调整的依据

通过 2010—2012 年对沁县种植业布局现状的调查，我们充分认识到，沁县的种植业布局还存在许多问题，需要在区域内部加大调整力度，进一步提高生产力和经济效益。

根据此次耕地质量的评价结果，安排沁县种植业内部结构调整，依据不同地貌类型、不同土壤类型耕地综合生产能力和土壤环境质量两个方面进行综合考虑，具体为：

一是按照不同地貌类型，因地制宜规划，在布局上做到宜农则农，宜林则林，宜牧则牧。

二是按照耕地地力评价出的 6 个地力等级标准，以各个地貌单元土壤类型所代表面积的数值衡量，以作物能够发挥最大生产潜力的原则来布局，做到高产高效作物分布在一级、二级耕地，中低产田在改良中调整。

三是根据土壤环境的污染状况，在面源污染、点源污染等影响土壤养分的障碍因素中，以污染物质及污染程度确定调整范围，做到该退则退，该治理的要及时采取土壤降解措施消除污染源，使之达到无公害绿色农产品的种植要求。

三、土壤适宜性及主要限制因素分析

沁县耕作土壤成因不同，土壤质地也不一致，发育在红黄土母质上的土壤其特点是：

颜色微红、土层深厚、质地细而均匀，多为中—重壤，有互层红色条带和料姜，呈微碱性反应；发育在黄土和黄土状物质上的土壤其特点是：土层深厚，疏松多孔，土体上下质地均匀，多为轻—中壤，富含碳酸钙，呈微碱性反应；以洪积物为母质的土壤其特点是黏沙混合堆积，土体发育层次不明显，质地偏沙，并含有一定数量的砾石；近代沉积物所形成的土壤，大致分布在河漫滩和一级阶地上，其特点是：具有明显的成层性，即为沙、壤、黏、石交错排列，成分复杂，多形成草甸土（潮土）。

综合以上土壤特性，沁县土壤适宜性强，适应性广，可种植玉米、谷子、高粱、大豆、小麦、马铃薯、甘薯等粮食作物及蔬菜、核桃、西瓜、药材、苹果、红枣等经济作物。

种植业的布局除了受土壤影响外，还要受到气候条件、地形地貌、水分条件等自然因素影响和经济条件的限制，在山地、丘陵等地区，由于此类地区沟壑纵横，土壤肥力较低，土壤较干旱，气候凉爽，农业经济条件也较为落后，因此要在管理好现有耕地的基础上，将劳力、资金和技术逐步向非耕地转移，大力发展林、牧业，建立农、林、牧结合的生态体系，使其成为林、牧产品生产基地。平川以及大的沟谷、台田土地地势较为平坦，水源也较为丰富，是沁县土壤肥力较高的区域，同时其经济条件及农业现代化水平也较高，故应充分利用地理、经济、技术优势，在不放松粮食生产的前提下，积极开展多种经营，实行粮、菜、果全面协调发展。

在种植业的布局中，必须充分考虑各区域的自然条件、经济条件和社会条件，合理利用既有资源，对布局中的各种限制因素，应综合考虑它影响的范围和改造的可行性，合理布局，最大限度地挖掘潜在生产能力。

四、农业布局分区建议

（一）丘陵区

该区位于沁县东部、中部和西部丘陵一带，北起西汤，南至南泉、待贤，东至与武乡、襄垣交界处，西部延伸到郭村，羊庄一带，跨越168个行政村。有农业人口69 715人，总劳力2.04万人，土地面积84.69万亩，占沁县总面积的42.6％，耕地面积24.89万亩，其中坡耕地8.93万亩，占沁县耕地面积的35.8％，人均耕地3.6亩，林地8.97万亩，耕地与林地分别占沁县同类面积的50.4％和28.5％，宜林宜牧荒山坡21.22万亩，占全区总面积的25.1％，占沁县宜林牧地的34.8％。总的特点是人少、地多，耕地肥力水平低，是沁县林牧主要基地和谷子等杂粮产区，产量低而不稳，坡耕地多，沟川地少，林牧资源比较丰富。

（二）沟川区

该区位于沁县中部、漳河两岸与公路沿线，北到漳源，南至南池，西至漫水、郭村，东部延伸到松村、新店，全区跨越91个行政村。总人口7.23万人，其中农业人口5.89万人，总劳力1.88万人，土地面积43.30万亩，耕地17.12万亩，人均耕地2.9亩，其中沟川地6.60万亩，占全区耕地面积的38.6％，占沁县沟川面积的74.3％。在该区内，浊漳河纵贯南北，东西还有段柳河、迎春河，有灌溉条件的耕地面积1.40万亩，占沁县此类耕地面积的 91.5%，是沁县具有潜在水利灌溉条件的一个区。该区地形较平坦，交通便利，土壤肥沃，水肥条件较好，高产稳产田较其他区多，人口多，劳力充足，机械化条件优越，有 80% 以上耕地用于粮食生产，是沁县的主要粮食产区。为此，在本区应科学调整作物布局，增施有机肥料，抓好农田基本建设，实施坡改田工程，同时可利用农田辅助用地，保证粮田面积。

（三）土石山区

该区位于沁县西部的伏牛山一带，北部至西汤、漳源、羊庄、郭村一带，南部至漫水、册村、南仁、南泉一带，共 57 个行政村。区内石山多，土层薄，一部分土壤是褐土类，一部分土壤为棕壤土类，山上有片状松林覆盖，全区有水库两座，但灌溉条件较差。全区总人口 1.87 万人，土地面积为 70.69 万亩，人均土地 37.9 万亩，地广人稀，其中，坡地 3.27 万亩，占全区耕地面积的 44.12%；林业用地 19.43 万亩，占该区面积的 27.48%；现有宜林宜牧、荒山荒坡 33.57 万亩，占全区总面积的 47.48%。据统计，该区高产田占 24.7%，中低产田占 75.3%，属粮食低产区。该区山多地少，土地瘠薄，坡耕地多，机械化水平低，粮食产量低而不稳，不利于发展粮食生产，而宜林宜牧荒山荒坡占本县未利用土地的 54.27%，林牧资源最为丰富，具有发展林牧业优越条件，这是该区的重要优势。

注：农业布局分区建议内容数据摘自 1999 年出版的《沁州志》。

五、农业远景发展规划

沁县农业的发展，应进一步调整和优化农业产业结构，全面提高农产品品质和经济效益，建立和完善沁县耕地质量管理信息系统，促进沁县农业农村经济的可持续发展。现根据各地的自然生态条件、社会经济条件、技术条件，提出"十三五"发展规划如下：

一是集中建立 20 万亩国家优质玉米生产基地。

二是积极稳步发展优质沁州黄生产 10 万亩。

三是建设无公害农产品生产基地，到 2015 年实现优质番茄、辣椒等蔬菜种植 3 万～5 万亩，其中，设施蔬菜 2.5 万亩，优质核桃经济林 10 万亩，苹果、杏、枣、葡萄等果业发展到 5 万亩，全面推广绿色蔬菜及果品标准化生产技术，配套建设一个集贮藏、包装、加工、质量检测为一体的果品批发市场。

四是集中精力发展牧草养殖业，重点发展圈养牛、羊，力争发展牧草种植 2 万亩。

第五节 主要作物标准施肥系统的建立与无公害农产品生产对策研究

一、养分状况与施肥现状

（一）沁县土壤养分与状况

沁县耕地质量评价结果表明，土壤有机质平均含量 13.71 克/千克、全氮含量 0.83

克/千克、有效磷 8.11 毫克/千克、缓效钾 990.31 毫克/千克、速效钾 166.58 毫克/千克、有效铜 0.98 毫克/千克、有效锌 0.72 毫克/千克、有效锰 13.34 毫克/千克、有效铁 7.63 毫克/千克、水溶性硼 0.26 毫克/千克、有效硫 24.98 毫克/千克。土壤有机质属省四级水平，全氮属省四级水平，有效磷平属省五级水平，缓效钾属省二级水平，速效钾属省三级水平。中微量元素养分含量，有效硫和水溶性硼属省五级水平，有效铜、有效锌、有效锰、有效铁属省四级水平。

（二）沁县施肥现状

农作物平均亩施农家肥 500 千克左右，亩施 N 10 千克，亩施 P_2O_5 6 千克，亩施 K_2O 2 千克，普遍存在不施微肥的现象。

二、存在问题及原因分析

（一）有机肥和无机肥施用比例失调

20 世纪 70 年代以来，随着化肥工业发展，化肥的施用量大量增加，有机肥的施用量却在不断减少，随着农村人居环境改善，农村畜禽大量减少，有机肥源随之减少，有机肥的施用量逐年递减。1995 年以来，随着农业机械化水平的提高，玉米、小麦等秸秆还田面积增加，土壤有机质有了明显提高。但沁县有机肥平均施用量依然严重不足，农民多以无机肥代替有机肥，有机肥和无机肥施用比例失调。

（二）肥料三要素（N、P、K）施用比例失调

第二次土壤普查后，根据普查结果，在一段时期内针对氮少磷缺钾有余的土壤养分状况，提出了增氮增磷不施钾的施肥整体方案。以玉米为例，在施肥上一直按照氮磷 1∶1 或 1∶0.8 的施肥比例施肥。20 多年来，土壤养分发生了很大变化。据 2010—2012 年调查显示，农户所施肥料中的氮、磷、钾养分比例并不适合作物要求，未起到调节土壤养分状况的作用。根据沁县玉米的种植和产量情况，现阶段氮、磷、钾的适宜比例应为 1∶0.6∶0.2，而调查结果表明，实际施用比例约为 1∶0.5∶0.1，并且肥料施用极不平衡，部分耕地甚至不施磷钾肥，这种现象严重制约了化肥总体利用率的提高。

（三）化肥用量不当

在大田作物施肥上，人们往往注重高产田投入，而忽视中低产田投入，产量越高，施肥量越大，产量越低施肥量越小，甚至白茬下种。因而造成高产地块肥料浪费，中低产田产量提高缓慢。据调查，高产田化肥施用总量达 50 千克/亩以上，而中低产田用量不足 30 千克。这种化肥用量的不合理分配，直接影响着化肥的经济效益和无公害农产品的生产。

（四）化肥施用方法不当

1. 氮肥浅施、表施 近几年，在氮肥施用上，广大农民为了省时、省力，将碳酸、尿素撒于地表或随犁耕翻入土，甚至有些农户撒施后不及时覆土，造成一部分氮素挥发损失，降低了肥料的利用率，有些还造成铵害，烧伤植物叶片。

2. 磷肥撒施 由于大多数群众对磷肥的性质了解较少，普遍将磷肥撒施、浅施，导致作物不能吸收利用，并且造成了磷固定，降低了磷的利用率和当季肥料的效益。据调查，本县磷肥撒施面积达 18% 左右。

3. 复合肥施用不合理　在黄瓜、辣椒、番茄等种植比例大的蔬菜上，复合肥料和磷酸二铵使用比例很大，从而造成盲目施肥和磷钾资源的浪费。

4. 中低产田忽视钾肥的施用　针对第二次土壤普查结果，速效钾含量较高，在2010年以前20年左右的时间里65%的耕地只施用氮、磷两种肥料，造成土壤中钾素消耗日趋严重，农产品产量和品质受到严重影响。随着种植业结构的进一步调整，作物已由单纯追求产量变为质量和产量并重，钾肥越来越表现出提质增产的效果。

以上各种问题，随着测土配方施肥项目的实施将逐步得到解决。

三、农业生产区划

（一）分区的目的和意义

农业生产具有强烈的地域性，自然条件和社会生产条件的综合作用，决定了作物只能种植在特定的区域才能获得较高的产量、较高的品质和较高的经济效益。因此，科学合理、因地制宜地对本县农业生产进行必要的区划具有十分重要的战略意义。

根据沁县不同区域、地貌类型、土壤类型的土壤养分状况、作物布局、当前化肥使用水平和历年化肥试验结果进行统计分析和综合研究，按照沁县不同区域化肥肥效的规律，以科学合理有效地利用土地为目的，并根据上述因素的内在联系，进行整体的综合分区。为沁县今后一段时间内合理调整农业种植布局、发展特色农业、保护生态环境、改善农产品品质、生产绿色无公害及有机农产品，促进农业可持续发展提供科学依据，使科学施肥，土壤改良作用在沁县农业生产发展中发挥更大的增产、增收、增效作用。

（二）分区原则与依据

1. 原则

（1）化肥用量、施用比例和土壤类型及肥效的相对一致性。

（2）土壤地力分布和土壤速效养分含量的相对一致性。

（3）土地利用现状和种植区划的相对一致性。

（4）行政区划的相对完整性。

2. 依据

（1）农田养分平衡状况及土壤养分含量状况。

（2）作物种类及分布。

（3）土壤地理分布特点。

（4）化肥用量、肥效及特点。

（5）不同区域对化肥的需求量。

四、分区概述

根据沁县农业生产区划的原则，结合2010—2012年耕地地力调查与质量评价结果，将沁县划分为六大种植区，现分区概述如下：

（一）丘陵褐土性土发展干鲜水果育草固土果牧区

本区包括松村、次村、新店、杨安、故县、南里、册村等乡镇的部分丘陵区域，海拔在1 000～1 200米，土壤类型主要为褐土性土亚类中的非耕种土壤。成土母质为黄土物质，土体深厚，有机质平均含量14.61克/千克，全氮平均含量0.91克/千克，有效磷平均含量8.19毫克/千克，速效钾平均含量170.72毫克/千克。本区自然特点是：呈黄土丘陵地貌，自然植被稀疏，降水少而干旱。今后改良利用方向是：陡坡种草，缓坡发展枣树、核桃、苹果、梨、葡萄、桃、杏等干鲜水果经济林；扩大植被，严禁开荒；利用生物固土保水，防止水土流失，把本区建设成为沁县主要的果牧生产基地。

（二）丘陵耕种黄土质褐土性土防侵保土培肥杂粮区

本区几乎遍及沁县所有乡镇的丘陵地区，海拔1 000～1 200米，土壤类型为褐土性土亚类中的耕种土壤，成土母质为黄土母质，土体深厚但肥力较低。有机质平均含量13.08克/千克，全氮平均含量0.81克/千克，有效磷平均含量8.07毫克/千克。速效钾平均含量164.68毫克/千克。自然特点是：自然植被稀疏、土壤轻微侵蚀，降水少而蒸发量大，土体干旱，农业生产水平低。不利因素是：活土层薄，肥力低，田面坡度大，土体中含有料姜等障碍层。今后改良利用的方向是：修坝垒堰，修建水平梯田，种植绿肥，增施有机肥料，培肥地力，深耕改土，促进土壤熟化。种植以谷子、大豆、高粱为主的杂粮，把本区建设成为沁县的杂粮生产基地。

（三）东部丘陵红黄土质褐土性土防侵保土"沁州黄"谷子种植区

本区包括次村乡檀山、王朝、徐家庄、东庄、钞沟、石科、上村、姚家岭等村。海拔1 100～1 200米，土壤类型为褐土性土亚类中的耕种土壤，母质为红黄土质。有机质平均含量13.81克/千克，全氮平均含量0.84克/千克，有效磷平均含量8.26毫克/千克。速效钾平均含量173.19毫克/千克。自然特点是：地势较高，气候凉爽，自然植被稀疏，土壤轻微侵蚀，降水少，土体干。本区是"沁州黄"谷子的著名产地。今后改良利用方向是：修边垒堰、加强水土保持，增施农家肥，扩大种植面积，实行科学种田，提高"沁州黄"谷子产量和质量。把本区发展成为"沁州黄"谷子的商品粮生产基地。

（四）沟淤褐土性土筑坝防洪培肥粮作区

本区零星分布于牛寺、定昌、新店、段柳、南里、故县等乡镇的丘陵沟谷地带。海拔950～1 000米，土壤类型为褐土性土亚类中的沟淤耕种土壤，母质为近代洪积物，土层深厚、土体湿度较大，有机质平均含量13.41克/千克，全氮平均含量0.81克/千克，有效磷平均含量8.19毫克/千克。速效钾平均含量169.30毫克/千克。自然特点是：气温较低，土壤养分较高，易受洪水冲刷，宜耕期较短，农业生产水平较高。今后改良利用方向是：筑坝防洪，防止切割；秸秆还田，增施有机肥，改善土壤结构，深耕改土，合理轮作，培肥地力；改善耕作条件，逐步把本区建设成高产稳产的商品粮生产基地。

（五）平川石灰性褐土性土渠系配套园田化粮作区

本区包括漳河及其他河流两岸的广大二级阶地。土壤类型为黄土状石灰性褐土性土，母质为黄土状物质。有机质平均含量13.82克/千克，全氮平均含量0.83克/千克，有效磷平均含量8.06毫克/千克，速效钾平均含量146.33毫克/千克。自然特点是：地势低平，雨量较少，水源较多。存在的问题是：土壤养分不高，耕作层下边普遍有一层坚硬的犁底层，土地不平，渠系不配套，有水但利用率低，灌溉较为困难，产量不稳。今后改良利用方向是：增施有机肥和氮、磷肥，实施深耕，打破犁底层，推广绿肥种植，提高土壤肥力，搞好平田整地，实行渠系配套，扩大水浇地面积，保证灌溉质量，采用园田化种植，大力发展粮食作物和经济作物，把本区建成为高产稳产的农产品生产基地。

（六）河谷潮土改土培肥经作、粮作区

本区位于漳源及其支流两岸河谷地带，分布于沁县大部分地区的沿河地带。土壤类型为潮土，土壤母质为近代河流冲积物，地势低平。有机质平均含量13.8克/千克，全氮平均含量0.82克/千克，有效磷平均含量7.99毫克/千克。速效钾平均含量162.90毫克/千克。自然特点是：地下水位较浅，气温较低，自然植被稀疏，低凹地块排水不良。存在的问题是：有相当一部分耕地土壤质地为沙壤，漏水漏肥。今后改良利用方向是：深耕改土，沙土掺黏，增施热性肥料，增加有机质含量，提高土壤肥力，实行粮菜、粮油间作，大力发展以经济作物为主体的商品生产，并实行地膜覆盖技术，提温保墒，还可用人工堆垫、引洪淤地的办法扩大河滩地面积，同时加厚薄层河滩地土层厚度；对于湿度较大、无法耕种的地块要大力种植芦苇、柳树、杨树等耐湿性植物；河流两岸要建设护岸林带，把本区建设成为沁县新型的经济作物主产区。

五、提高化肥利用率的途径

1. 统一规划，着眼布局　农业区划意见，对沁县农业生产及发展起着整体指导和调节作用，使用当中要宏观把握，明确思路。具体到各区各地因受不同地形部位和不同土壤的影响，在施肥上不能千篇一律，死搬硬套，应结合当地实际情况确定科学合理的施肥比例及施肥量。

2. 因地制宜，节本增效　沁县地形复杂，土壤肥力差异较大，各区在化肥使用上一定要本着因地制宜，因作物制宜，节本增效的原则，通过合理施肥及相关农业措施，不仅要达到节本增效的目的，而且要达到用养结合、培肥地力的目的，变劣势为优势。对坡度较大的丘陵、沟壑和坡麓要注意防治水土流失，施肥上要少量多次，并要修整梯田，建设"三保田"。

3. 秸秆还田、培肥地力　大力推广秸秆还田，提高土壤肥力，增加土壤团粒结构，提高化肥利用率，同时合理轮作倒茬，用养结合。旱地氮肥一次施足，水肥条件较好的地块底肥施2/3，追施1/3。磷肥集中深施，褐土地块钾肥分次施，并要做到有机无机相结合，氮磷钾微相结合。

六、无公害农产品生产与施肥

无公害农产品是指产地环境、生产过程和产品质量均符合国家有关标准规范的要求，经认证合格，获得认证证书并允许使用无公害农产品标志的未经加工或初加工的农产品。根据无公害农产品标准要求，针对沁县耕地质量调查施肥中存在的问题，在无公害农产品生产中，施肥应注意以下几点：

（一）选用优质农家肥

农家肥是指含有大量生物物质、动植物残体、排泄物、生物废物等有机物质的肥料。在无公害农产品的生产中，一定要选用足量的经过无害化处理的堆肥、沤肥、厩肥等优质农家肥作基肥，确保土壤肥力逐年提高，满足无公害农产品的生产。

（二）选用合格商品肥

商品肥料有精制有机肥料、有机无机复混肥料、无机肥料、腐殖酸类肥料、微生物肥料等，生产无公害农产品时一定要选用合格的商品肥料。

（三）改进施肥技术

1. 调控化肥用量　这几年，随着农业结构调整，种植业结构发生了很大变化，经济作物面积有所扩大，因而造成化肥用量持续提高，不同作物之间施肥量差距不断拉大。因此，在调控化肥用量时，要避免施肥用量两极分化，尤其是控制氮肥用量，努力提高化肥利用率，减少化肥损失或造成农田环境污染。

2. 调整施肥比例　首先逐步调整有机肥和无机肥比例，充分发挥有机肥料在无公害农产品生产中的作用。其次，实施补钾工程，根据不同作物、不同土壤类型合理施用钾肥，合理调整氮、磷、钾比例，发挥钾肥在无公害农产品生产中的作用。

3. 改进施肥方法　施肥方法不当，易造成肥料损失浪费、破坏土壤结构，使环境污染，影响作物生长，所以施肥方法一定要科学，氮肥要深施，以减少地面熏伤；忌氯作物不施或少施含氯肥料。因地、因作物、因肥料确定施肥方法，确保无公害农产品高产、优质。

七、不同作物的科学施肥标准

针对沁县农业生产基本条件、作物种类、产量、土壤肥力及养分含量状况，农产品生产施肥用肥总的思路是：以节本增效为目标，立足抗旱栽培，着眼于优质、高产、高效、安全的农业生产，着力于提高肥料利用率，采取控氮稳磷补钾配微的原则，在增施有机肥和保持化肥施用总量基本平衡的基础上，合理调整养分比例，普及科学施肥方法，积极试验和示范微生物肥料。

根据沁县施肥总的思路，提出沁县主要作物施肥标准。

（一）玉米施肥方案

1. 存在问题　玉米生产存在的主要施肥问题有。

（1）氮肥一次性施肥面积较大，在一些地区易造成前期烧种烧苗和后期脱肥。

（2）有机肥施用量较少。

（3）种植密度较低，留苗株数不够，影响肥料应用效果。

（4）土壤耕层过浅，影响根系发育，易旱易倒伏。

2. 施肥原则　根据上述问题，提出以下施肥原则。

（1）氮肥分次施用，适当降低基肥用量、充分利用磷钾肥后肥期效。

（2）土壤中 pH 高、高产地块和缺锌的地块应注意施用锌肥。

（3）增加有机肥用量，加大秸秆还田力度。

（4）推广应用高产耐密品种，适当增加玉米种植密度，提高玉米产量，充分发挥肥料效果。

（5）深松打破犁底层，促进根系发育，提高水肥利用效率。

3. 施肥建议

（1）施肥量：

①产量水平400千克/亩以下。玉米产量400千克/亩以下地块，氮肥（N）用量推荐为6～8千克/亩，磷肥（P_2O_5）用量4～5千克/亩，如土壤速效钾含量<100毫克/千克，适当补施钾肥（K_2O）1～2千克/亩。亩施农家肥700千克以上。

②产量水平400～500千克/亩。玉米产量400～500千克/亩地块，氮肥（N）用量推荐为8～10千克/亩，磷肥（P_2O_5）用量5～6千克/亩，土壤速效钾含量<100毫克/千克，适当补施钾肥（K_2O）1～2千克/亩。亩施农家肥700千克以上。

③产量水平500～650千克/亩。玉米产量在500～650千克/亩的地块，氮肥（N）用量推荐为8～10千克/亩，磷肥（P_2O_5）6～9千克/亩，土壤速效钾含量<120毫克/千克，适当补施钾肥（K_2O）2～3千克/亩。亩施农家肥1 000千克以上。

④产量水平650～750千克/亩。玉米产量在650～750千克/亩的地块，氮肥用量推荐为10～14千克/亩，磷肥（P_2O_5）9～11千克/亩，土壤速效钾含量<150毫克/千克，适当补施钾肥（K_2O）3～4千克/亩。亩施农家肥2 000千克以上。

⑤产量水平750千克/亩以上。玉米产量在750千克/亩以上的地块，氮肥（N）用量推荐为14～15千克/亩，磷肥（P_2O_5）11～12千克/亩，土壤速效钾含量<150毫克/千克，适当补施钾肥（K_2O）3～4千克/亩。亩施农家肥2 000千克以上。

（2）施肥方法：作物秸秆还田地块要增加氮肥用量10%～15%，以协调碳氮比，促进秸秆腐解。要大力推广玉米施肥技术，每千克种子拌硫酸锌4～6克或亩底施硫酸锌1.5～2千克。同时，要采用科学的施肥方法。一是大力提倡化肥深施，坚决杜绝肥料撒施。基、追肥施肥深度要分别达到15～20厘米、5～10厘米。二是施足底肥，合理追肥。一般有机肥、磷、钾及中微量元素肥料均作底肥，氮肥则分期施用。氮肥60%～70%底施、30%～40%追施。

（二）谷子施肥方案

1. 存在问题与施肥原则　针对谷子生产中普遍存在的化肥用量不平衡，肥料增产效率下降，有机肥用量不足，微量元素硼缺乏时有发生等问题，提出以下施肥原则。

（1）依据土壤肥力，适当增减氮、磷肥用量。

（2）增施有机肥，提倡有机无机相结合。

（3）将大部分氮肥、全部磷肥和有机肥，结合秋季深耕进行底施。

（4）依据土壤钾素和硼素的丰缺状况，注意钾、硼肥的施用。

（5）氮肥的施用坚持"前重后轻"、"基肥为主，追肥为辅"的原则。

（6）肥料施用应与高产优质栽培技术相结合。

2. 施肥建议

（1）施肥量：

①产量水平200千克/亩以下。亩产200千克以下地块的施肥量应为每亩纯氮肥（N）

6～8千克，磷肥（P_2O_5）5～6千克，土壤速效钾含量＜120毫克/千克，适当补施钾肥（K_2O）1～2千克/亩。亩施农家肥1000千克以上。

②产量水平200～300千克/亩。亩产200～300千克的地块，每亩施纯氮肥（N）7～9千克，磷肥（P_2O_5）6～8千克，土壤速效钾含量＜120毫克/千克，适当补施钾肥（K_2O）1～2千克/亩。亩施农家肥1000千克以上。

（2）施肥方法

①基肥。基肥是谷子全生育期养分的源泉，是提高谷子产量的基础，因此都应重视基肥的施用，有机肥、磷肥和氮肥以作基肥为主。基肥应在播种前一次施入田间，春旱严重、气温回升迟而慢、保苗困难的区域最好在头年结合秋深耕施基肥，效果更好。

②种肥。谷子籽粒是禾谷类作物中最小的，胚乳储藏的养分较少，苗期根系弱，很容易在苗期出现营养缺乏症，磷素营养更易因地温低、有效磷释放慢且少而影响谷子的正常生长，因此每亩用0.5～1.0千克磷肥（P_2O_5）和1.0千克纯氮（N）作种肥，可以收到明显的增产效果。种肥最好先用耧施入，然后再播种。

③追肥。谷子的拔节孕穗期是养分需要较多的时期，条件适宜的地方可结合中耕培土用氮肥总量的20％～30％进行追肥。

（三）马铃薯施肥方案

1. 存在问题与施肥原则　针对马铃薯生产中普遍存在的重施氮磷肥、轻施钾肥，重施化肥、轻施或不施有机肥的现状，提出以下施肥原则：

（1）增施有机肥。

（2）重施基肥，轻用种肥；基肥为主，追肥为辅。

（3）合理施用氮磷肥，适当增施钾肥。

（4）肥料施用应与高产优质栽培技术相结合。

2. 施肥建议

（1）施肥量：

①产量水平1 000千克/亩以下。马铃薯产量在1 000千克/亩以下的地块，氮肥（N）用量推荐为4～5千克/亩，磷肥（P_2O_5）3～5千克/亩，钾肥（K_2O）1～2千克/亩。亩施农家肥1 000千克以上。

②产量水平1 000～1 500千克/亩。马铃薯产量在1 000～1 500千克/亩的地块，氮肥（N）用量推荐为5～7千克/亩，磷肥（P_2O_5）5～6千克/亩，钾肥（K_2O）2～3千克/亩。亩施农家肥1 000千克以上。

③产量水平1 500～2 000千克/亩。马铃薯产量在1 500～2 000千克/亩的地块，氮肥（N）用量推荐为7～8千克/亩，磷肥（P_2O_5）6～7千克/亩，钾肥（K_2O）3～4千克/亩。亩施农家肥1 000千克以上。

④产量水平2 000千克/亩以上。马铃薯产量在2 000千克/亩以上的地块，氮肥（N）用量推荐为8～10千克/亩，磷肥（P_2O_5）7～8千克/亩，钾肥（K_2O）4～5千克/亩。亩施农家肥700千克以上。

（2）施肥方法

①基肥：有机肥、钾肥、大部分磷肥和氮肥都应作基肥，磷肥最好和有机肥混合沤制

后施用。基肥可以在秋季或春季结合耕地沟施或撒施。

②种肥：马铃薯每亩用 3 千克尿素、5 千克普钙混合 100 千克有机肥，播种时条施或穴施于薯块旁，有较好的增产效果。

③追肥：马铃薯一般在开花以前进行追肥，早熟品种应提前施用。开花以后不宜追施氮肥，以免造成茎叶徒长，影响养分向块茎的输送，造成减产，可根外喷洒磷钾肥。

（四）小麦施肥方案

1. 存在问题与施肥原则 针对旱地雨养区小麦养分投入少，有机肥施用不足等问题，提出以下施肥原则：

（1）依据土壤肥力条件，坚持"适氮、稳磷、补钾、补微"的施肥方针。

（2）增施有机肥，提倡有机无机配合。

（3）氮肥以基肥为主，追肥为辅，注意锰和锌等微量元素肥料的配合施用。

（4）肥料施用应与高产优质栽培技术相结合。

2. 施肥建议

（1）施肥量：

①产量水平 150 千克/亩以下。小麦产量在 150 千克/亩以下地块，氮肥（N）用量推荐为 7～9 千克/亩，磷肥（P_2O_5）用量 5～6 千克/亩，土壤速效钾含量<100 毫克/千克，适当补施钾肥（K_2O）1～2 千克/亩。亩施农家肥 1 000 千克以上。

②产量水平 150～250 千克/亩。小麦产量在 150～250 千克/亩的地块，氮肥（N）用量推荐为 9～12 千克/亩，磷肥（P_2O_5）6～7 千克/亩，土壤速效钾含量<120 毫克/千克，适当补施钾肥（K_2O）2～3 千克/亩。亩施农家肥 1 500 千克以上。

③产量水平 250 千克/亩以上。小麦产量在 250 千克/亩以上的地块，氮肥（N）用量推荐为 12～15 千克/亩，磷肥（P_2O_5）7～9 千克/亩，适当补施钾肥（K_2O）3～4 千克/亩。亩施农家肥 2 000 千克以上。

（2）施肥方法：作物秸秆还田的地块要增加氮肥用量 10%～15%，以协调碳氮比，促进秸秆腐解。同时，要采用科学的施肥方法。一是大力提倡化肥深施，坚决杜绝肥料撒施。基、追肥施肥深度要分别达到 20～25 厘米、5～10 厘米。二是施足底肥，合理追肥。一般有机肥、磷、钾及中微量元素肥料均作基肥，氮肥则分期施用，基肥占 80%，追肥占 20%。三是搞好叶面喷肥，提质防衰。生长中后期喷施 2%的尿素以提高籽粒蛋白质含量，防止小麦脱肥早衰；抽穗到乳熟期喷施 0.2%～0.3%的磷酸二氢钾溶液以防止小麦贪青晚熟。

（五）露地甘蓝施肥方案

1. 施肥问题及施肥原则

（1）主要问题：当前露地甘蓝施肥存在的主要问题：①不同田块有机肥施用量差异较大，盲目偏施氮肥现象严重，钾肥施用量不足，施用时期和方式不合理；②施肥存在"重大量元素，轻中量元素"现象，影响产品品质；③过量灌溉造成水肥浪费的问题普遍，氮肥利用率较低。

（2）施肥原则：针对上述问题，提出以下施肥原则：①合理施用有机肥，有机肥与化肥配合施用，氮磷钾肥的施用应遵循控氮、稳磷、增钾的原则；②肥料分配上以基、追结合为主，追肥以氮肥为主，合理配施钾素，注意在莲座期至结球后期适当喷施钙、硼等中微量元素肥料，防止"干烧心"等病害的发生；③与高产栽培技术，特别是节水灌溉技术结合，以充分发挥水肥耦合效应，提高肥料利用率。

2. 施肥建议

（1）基肥：一次施用优质农家肥 2 米³/亩。

（2）产量水平大于 6 500 千克/亩：氮肥（N）18～20 千克/亩，磷肥（P₂O₅）8～10 千克/亩，钾肥（K₂O）14～16 千克/亩；产量水平 5 500～6 500 千克/亩：氮肥（N）15～18 千克/亩，磷肥（P₂O₅）6～8 千克/亩，钾肥（K₂O）12～14 千克/亩；产量水平 4 500～5 500 千克/亩：氮肥（N）13～15 千克/亩，磷肥（P₂O₅）4～6 千克/亩，钾肥（K₂O）8～10 千克/亩。氮钾肥 30%～40% 基施，60%～70% 在莲座期和结球初期分 2 次追施，磷肥全部作基肥条施或穴施。

（3）对往年"干烧心"发生较严重的地块，注意控氮补钙，可于莲座期至结球后期叶面喷施 0.3%～0.5% 的 CaCl₂ 溶液 2～3 次；对于缺硼的地块，可基施硼砂 0.5～1 千克/亩，或叶面喷施 0.2%～0.3% 的硼砂溶液 2～3 次。同时可结合喷药喷施 2～3 次 0.5% 的磷酸二氢钾溶液，以提高甘蓝的净菜率和商品性。

（六）大白菜施肥方案

1. 施肥问题及施肥原则　盲目偏施氮肥现象严重，一次施肥量过大，不仅导致氮肥损失，而且可能导致钙素吸收受阻；有机肥施用量差异大，部分地区有机肥施用数量不足；氮、磷、钾肥配比不合理，盲目施用高磷复合肥料。为此，提出以下施肥原则：

（1）依据土壤肥力条件和目标产量，优化氮、磷、钾肥数量，春季大白菜产量普遍低于秋季大白菜，应减少肥料用量。

（2）以基肥为主，基肥追肥相结合。追肥以氮肥为主，氮、磷、钾肥合理配合，适当补充微量元素。莲座期之后加强追肥管理，秋季大白菜需要增加包心前期的一次追肥，采摘前 2 周不宜追施氮肥。

（3）石灰性土壤有效硼、钼等微量元素含量较低，应注意微量元素的补充。

（4）忌用未经充分腐熟的有机肥料，提倡施用商品有机肥及腐熟的农家肥，培肥地力。

2. 施肥建议

（1）有机肥施用量：春季大白菜（产量水平为 3 500～5 000 千克/亩）施有机肥 2 米³/亩；秋季大白菜（产量水平在 4 500～6 000 千克/亩）施有机肥 2～3 米³/亩。

（2）产量水平 4 500～6 000 千克/亩：氮肥（N）18～23 千克/亩，磷肥（P₂O₅）5～8 千克/亩，钾肥（K₂O）16～20 千克/亩；产量水平 3 500～4 500 千克/亩：氮肥（N）15～20 千克/亩，磷肥（P₂O₅）4～6 千克/亩，钾肥（K₂O）13～17 千克/亩。若基肥没有施用有机肥，可酌情增加氮肥（N）3～5 千克/亩和钾肥（K₂O）2～3 千克/亩。

（3）全部有机肥和磷、钾肥条施作底肥，秋季大白菜 30% 氮肥作基肥，70% 氮肥分别于莲座期和包心前期分 2 次作追肥施用；春季大白菜 40% 氮肥作基肥，60% 氮肥分别在莲座期前后 2 周结合灌溉分 2 次施用。

（4）对于容易出现硼微量元素缺乏的地块，或往年已表现有缺硼症状的田块，可于播种前每亩基施硼砂 1 千克，或于生长中后期用 0.1％～0.5％的硼砂或硼酸水溶液进行叶面喷施（也可混入农药一起喷施），每隔 5～6 天喷施 1 次，连续喷施 2～3 次。

（七）萝卜施肥方案

1. 施肥问题及施肥原则　当前萝卜生产中存在的主要施肥问题包括：重氮、磷肥，轻钾肥施用，氮、磷、钾肥比例失调；磷、钾肥施用时期不合理；有机肥施用明显不足；微量元素施用的重视程度不够等。针对上述问题，提出以下施肥原则：

（1）依据土壤肥力条件和目标产量，优化氮、磷、钾肥数量，特别注意调整氮、磷肥用量，增施钾肥。

（2）石灰性土壤中有效锰、锌、硼、钼等微量元素含量较低，应注意微量元素的补充。

（3）合理施用有机肥料可明显提高萝卜产量并改善品质，但忌把未经充分腐熟的有机肥料施入农田，提倡施用商品有机肥及腐熟的农家肥。

2. 施肥建议

（1）有机肥施用量：产量水平在 1 000～1 500 千克/亩的小型萝卜（如四季萝卜）可施有机肥 0.5～1 米^3/亩；产量水平在 4 500～5 000 千克/亩的高产品种施有机肥 2～3 米^3/亩。

（2）产量水平在 4 500 千克/亩：氮肥（N）15～18 千克/亩，磷肥（P_2O_5）5～7 千克/亩，钾肥（K_2O）12～14 千克/亩；产量水平 2 500～3 000 千克/亩：氮肥（N）10～13 千克/亩，磷肥（P_2O_5）4～6 千克/亩，钾肥（K_2O）10～12 千克/亩；产量水平 1 000～1 500 千克/亩：氮肥（N）6～9 千克/亩，磷肥（P_2O_5）3～5 千克/亩，钾肥（K_2O）8～10 千克/亩。若基肥没有施用有机肥，可酌情增加氮肥（N）3～5 千克/亩和钾肥（K_2O）2～3 千克/亩。

（3）全部有机肥作基肥施用，氮肥总量的 40％作基肥、60％于莲座期和肉质根生长前期分 2 次作追肥施用；磷、钾肥全部作基肥施用，或 2/3 钾肥作基肥，1/3 于肉质根生长前期追施。

（4）对于容易出现硼元素缺乏的地块，或往年已表现有缺硼症状的田块，可于播种前每亩基施硼砂 1 千克，或于萝卜生长中后期用 0.1％～0.5％的硼砂或硼酸水溶液进行叶面喷施（也可混入农药一起喷施），每隔 5～6 天喷施 1 次，连续喷施 2～3 次。

（八）番茄施肥方案

1. 施肥问题　施肥存在的主要问题是：①过量施肥现象普遍，氮、磷、钾肥用量偏高，土壤氮、磷、钾养分积累明显；②养分投入比例不合理，非石灰性土壤中钙、镁、硼等元素的供应存在障碍；③过量灌溉导致养分损失严重；④连作障碍等导致土壤质量退化严重，养分吸收效率下降，蔬菜品质下降。

2. 施肥原则　针对这些问题，提出以下施肥原则：

①合理施用有机肥，调整氮、磷、钾肥数量，非石灰性土壤及酸性土壤需补充钙、镁、硼等中微量元素。

②根据作物产量、茬口及土壤肥力条件合理分配化肥，大部分磷肥基施，氮、钾肥追施；早春生长前期不宜频繁追肥，重视花后和中后期追肥。

③与高产栽培技术结合，提倡苗期灌根，采用"少量多次"的原则，合理灌溉施肥。

④土壤退化的老棚需进行秸秆还田或施用高碳氮比的有机肥，少施禽粪肥，增加轮作次数，达到除盐和减轻连作障碍的目的。

3. 施肥建议

(1) 育苗肥增施腐熟有机肥，补施磷肥，每 10 米² 苗床施经过腐熟的禽粪 60～100 千克，钙镁磷肥 0.5～1 千克，硫酸钾 0.5 千克，根据苗情喷施 0.05％～0.1％尿素溶液 1～2 次。

(2) 基肥施用优质有机肥 2～3 米³/亩。产量水平 8 000～10 000 千克/亩：氮肥（N）30～40 千克/亩，磷肥（P₂O₅）15～20 千克/亩，钾肥（K₂O）40～50 千克/亩；产量水平 6 000～8 000 千克/亩：氮肥（N）20～30 千克/亩，磷肥（P₂O₅）10～15 千克/亩，钾肥（K₂O）30～35 千克/亩；产量水平 4 000～6 000 千克/亩：氮肥（N）15～20 千克/亩，磷肥（P₂O₅）8～10 千克/亩，钾肥（K₂O）20～25 千克/亩。

(3) 70％以上的磷肥作基肥条（穴）施，其余随复合肥追施，20％～30％氮钾肥基施，70％～80％在花后至果穗膨大期间分 3～10 次随水追施，每次追施氮肥（N）不超过 5 千克/亩。

(4) 菜田土壤 pH<6 时易出现钙、镁、硼缺乏，可基施钙肥（如石灰）50～75 千克/亩、镁肥（如硫酸镁）4～6 千克/亩，根外补施 2～3 次 0.1％硼肥。

(九) 黄瓜施肥方案

1. 施肥问题 设施黄瓜的种植季节分为冬春茬、秋冬茬和越冬长茬，其施肥存在的主要问题是：①盲目过量施肥现象普遍，施肥比例不合理，过量灌溉导致养分损失严重；②连作障碍等导致土壤质量退化严重，根系发育不良，养分吸收效率下降，蔬菜品质下降；③有机肥多以畜禽粪为主，不利于土壤生物活性的提高。

2. 施肥原则 针对上述问题，提出以下施肥原则：

①增施有机肥，提倡施用优质有机堆肥，老菜棚注意多施含秸秆多的堆肥，少施禽粪肥，实行有机—无机配合和秸秆还田。

②依据土壤肥力条件和有机肥的施用量，综合考虑环境养分供应，适当调整氮、磷、钾肥用量。

③采用合理的灌溉技术，遵循少量多次的灌溉施肥原则，施肥与合理灌溉紧密结合，采用膜下沟灌、滴灌等方式，沟灌每次每亩灌溉不超过 30 米³，沙土不超过 20 米³，滴灌条件下的灌溉施肥次数可适当增加，而每次的灌溉量需相应减少。

④定植后苗期不宜频繁追肥，可结合灌根技术施用 0.5～1.0 千克/亩的磷肥（P₂O₅）；氮肥和钾肥分期施用，少量多次，避免追施磷含量高的复合肥，重视中后期追肥，每次追施量不超过 5～6 千克/亩。

3. 施肥建议

(1) 育苗肥：增施腐熟有机肥，补施磷肥，每 10 米² 苗床施用腐熟有机肥 60～100 千克，钙镁磷肥 0.5～1 千克，硫酸钾 0.5 千克，根据苗情喷施 0.05％～0.1％尿素溶液 1～2 次。

(2) 基肥施用优质有机肥 3～4 米³/亩：产量水平 14 000～16 000 千克/亩：氮肥

（N）45～50千克/亩，磷肥（P₂O₅）20～25千克/亩，钾肥（K₂O）40～45千克/亩；产量水平11 000～14 000千克/亩：氮肥（N）37～45千克/亩，磷肥（P₂O₅）17～20千克/亩，钾肥（K₂O）35～40千克/亩；产量水平7 000～11 000千克/亩：氮肥（N）30～37千克/亩，磷肥（P₂O₅）12～16千克/亩，钾肥（K₂O）30～35千克/亩；产量水平4 000～7 000千克/亩：氮肥（N）20～28千克/亩，磷肥（P₂O₅）8～11千克/亩，钾肥（K₂O）25～30千克/亩。

设施黄瓜全部有机肥和磷肥作基肥施用，初花期以控为主，全部的氮肥和钾肥按生育期养分需求定期分6～11次追施，每次追施氮肥数量不超过5千克/亩；秋冬茬和冬春茬的氮钾肥分6～7次追施，越冬长茬氮、钾肥分10～11次追施。如果是滴灌施肥，可以减少20％的化肥，如果大水漫灌，每次施肥则需要增加10％～20％的肥料数量。

（十）苹果树施肥方案

1. 施肥问题　施肥存在的主要问题是：

①有机肥施用量不足。沁县果园有机肥施用量低，优质有机肥的施用量则更少，无法满足果树生长的需要。

②化肥"三要素"施用配比不当，肥料增产效益下降。

③中、微量元素肥料施用量不足，用法不当。老果园土壤钙、铁、锌、硼等缺乏时有发生，施肥多在出现病症后补施。过量施磷肥使土壤中元素间拮抗现象增强，影响微量元素的有效性。

2. 施肥原则　针对上述问题，提出以下施肥原则：

①增施有机肥，做到有机无机配合施用。

②依据土壤肥力和产量水平适当调整化肥三要素配比，注意配施钙、铁、硼、锌肥。

③掌握科学施肥方法，根据树势和树龄分期施用氮、磷、钾肥，施用要开沟深施覆土。

3. 施肥建议

（1）施肥量：

①早熟品种，或土壤肥沃，或树龄小，或树势强的果园施优质农家有机肥2～3米³/亩；晚熟品种、土壤瘠薄、树龄大、树势弱的果园施有机肥3～4米³/亩。

②亩产2 500千克以下。氮肥（N）12～15千克/亩，磷肥（P₂O₅）4～6千克/亩，钾肥（K₂O）12～15千克/亩。

③亩产2 500～3 500千克。氮肥（N）15～20千克/亩，磷肥（P₂O₅）6～10千克/亩，钾肥（K₂O）15～20千克/亩。

④亩产3 500～4 500千克。氮肥（N）20～25千克/亩，磷肥（P₂O₅）8～12千克/亩，钾肥（K₂O）15～20千克/亩。

⑤亩产4 500千克以上。氮肥（N）25～35千克/亩，磷肥（P₂O₅）10～15千克/亩，钾肥（K₂O）20～30千克/亩。

（2）施肥方法

①采用基肥、追肥、叶面喷施、涂干等相结合的立体施肥方法。基肥以有机肥和适量化肥为主，多在果实采收前后的9月中旬到10月中旬施入；追肥主要在花前、花后和果实膨大期进行，前期以氮为主，中期以磷、钾肥为主；叶面喷施、涂干于6～8月进行。

施肥时应注意将肥料施在根系密集层，最好与灌水相结合。旱地果树施用化肥不能过于集中，以免引起根害。

②对于旺树，秋季基肥中施用 50％的氮肥，其余在花芽分化期和果实膨大期施用；对于弱树，秋季基肥中施用 30％的氮肥，50％在 3 月开花时施用，其余在 6 月中旬施用。70％的磷肥秋季基施，其余磷肥可在春季施用；40％的钾肥作秋季基肥，20％在开花期，40％在果实膨大期分次施用。

③土壤缺锌、硼和钙而未实施秋季施肥的果园，每亩施用硫酸锌 1～1.5 千克、硼砂 0.5～1.0 千克、硝酸钙 30～50 千克，与有机肥混匀后秋季或早春配合基肥施用；或在套袋前叶面喷施 2～3 次。

（十一）桃树施肥方案

1. 存在问题与施肥原则　针对桃园用肥量差异较大，肥料用量，氮、磷、钾肥配比，施肥时期和方法不合理，忽视施肥和灌溉协调等问题，提出以下施肥原则：

（1）增加有机肥施用量，做到有机无机配合施用。

（2）依据土壤肥力状况、品种特性及产量水平，合理调控氮、磷、钾肥比例，针对性配施硼肥和锌肥。

（3）追肥的施用时期区别对待，早熟品种早施，晚熟品种晚施。

（4）弱树应以新梢旺长前和秋季施肥为主；旺长无花树应以春梢和秋梢停长期追肥为主；结果太多的大年树应加强花芽分化期和秋季的追肥。

2. 施肥建议

（1）施肥量：

①产量水平 1 500 千克/亩以下。亩施有机肥 1～2 米³/亩，氮肥（N）10～12 千克/亩，磷肥（P_2O_5）5～8 千克/亩，钾肥（K_2O）12～15 千克/亩。

②产量水平 1 500～3 000 千克/亩。亩施有机肥 1～2 米³/亩，氮肥（N）12～16 千克/亩，磷肥（P_2O_5）7～9 千克/亩，钾肥（K_2O）17～20 千克/亩。

③产量水平 3 000 千克/亩以上。亩施有机肥 2～3 米³/亩，氮肥（N）15～18 千克/亩，磷肥（P_2O_5）8～10 千克/亩，钾肥（K_2O）18～22 千克/亩。

（2）施肥方法：

①全部有机肥、30％～40％的氮肥、100％的磷肥及 50％的钾肥作基肥于桃果采摘后的秋季采用开沟方法施用；其余 60％～70％氮肥和 50％的钾肥分别在春季桃树萌芽期、硬核期和果实膨大期分次追肥（早熟品种 1～2 次、晚熟品种 2～3 次）。

②对前一年落叶早或负载量高的果园，应加强根外追肥，萌芽前可喷施 2～3 次 1％～3％的尿素，萌芽后至 7 月中旬之前，定期按 2 次尿素与 1 次磷酸二氢钾的方式喷施，浓度为 0.3％～0.5％。

③如前一年施用有机肥数量较多，则当年秋季基施的氮、钾肥可酌情减少 1～2 千克/亩，当年果实膨大期的化肥氮、钾追施数量可酌减 2～3 千克/亩。

（十二）葡萄施肥方案

1. 存在问题与施肥原则　针对沁县目前大多数葡萄产区施肥中存在的重氮、磷肥，轻钾肥和微量元素肥料，有机肥料重视不够等问题，提出以下施肥原则：

（1）依据土壤肥力条件和产量水平，适当增加钾肥的用量。

（2）增施有机肥，提倡有机无机相结合。

（3）注意硼、铁和钙的配合施用。

（4）幼树施肥应根据幼树的生长需要，遵循"薄肥勤施"的原则进行施肥。

（5）进行根外追肥。

（6）肥料施用与高产优质栽培技术相结合。

2. 施肥建议

（1）施肥量：

①亩产 500～1 000 千克的低产果园。亩施腐熟的有机肥 1 000～2 000 千克，氮肥（N）9～10 千克/亩，磷肥（P_2O_5）7～9 千克/亩，钾肥（K_2O）11～13 千克/亩。

②亩产 1 000～2 000 千克的中产果园。亩施腐熟的有机肥 2 000～2 500 千克，氮肥（N）11～13 千克/亩，磷肥（P_2O_5）9～11 千克/亩，钾肥（K_2O）13～15 千克/亩。

③亩产 2 000 千克以上的高产果园。亩施腐熟的有机肥 2 500～3 500 千克，氮肥（N）12～15 千克/亩，磷肥（P_2O_5）11～13 千克/亩，钾肥（K_2O）15～18 千克/亩。

（2）施肥方法：基肥通常用腐熟的有机肥在葡萄采收后立即施入，并加入一些速效性的化肥，如尿素和过磷酸钙、硫酸钾等。基肥用量占全年总施肥量的 50％～60％，施用方法采用沟施。在葡萄生长季节，一般丰产果园每年追肥 2～3 次，第一次在早春芽开始膨大期，施入腐熟的人粪尿混掺尿素，分配比例为 10％～15％；第二次在谢花后幼果膨大初期，以氮肥为主，结合施磷、钾肥，分配比例为 20％～30％；第三次在果实着色初期，以磷、钾肥为主，分配比例为 10％。追肥可以结合灌水或雨天直接施入植株根部土壤中，也可进行根外追肥。

第六节　耕地质量管理对策

耕地地力调查与质量评价成果为沁县耕地质量管理提供了依据，耕地质量管理决策的制订，成为沁县农业可持续发展的核心内容。

一、建立依法管理体制

（一）工作思路

以发展优质、高效、生态、安全农业为目标，以耕地质量动态监测管理为核心，以土壤地力改良利用为重点，通过农业种植业结构调查，合理配置现有农业用地，逐步提高耕地地力水平，满足人民日益增长的农产品需求。

（二）建立完善的行政管理机制

1. 制定总体规划　坚持"因地制宜、统筹兼顾，局部调整、挖掘潜力"的原则，制订沁县耕地地力建设与土壤改良利用总体规划，实行耕地用养结合，划定中低产田改良利用范围和重点，分区制订改良措施，严格统一组织实施。

2. 建立依法保障体系　制定并颁布《沁县耕地质量管理办法》，设立专门监测管理机构、县、乡、村三级设定专人监督指导，分区布点，建立监控档案，依法检查污染区域治理，确保工作高效到位。

3. 加大资金投入 县政府要加大资金支持，县财政每年要从农发资金中列支专项资金，用于沁县中低产田改造和耕地污染区域综合治理，建立财政支持下的耕地质量信息网络，推进工作有效开展。

（三）强化耕地质量技术实施

1. 提高土壤肥力 组织县、乡、村农业技术人员实地指导，组织农户合理轮作，平衡施肥，安全施药、施肥，推广秸秆还田、种植绿肥、施用生物菌肥，多种途径提高土壤肥力，降低土壤污染，提高土壤质量。

2. 改良中低产田 实行分区改良，重点突破。灌溉改良区重点抓好灌溉配套设施的改造、节水浇灌、扩大水浇地面积；丘陵、山区中低产田要广辟肥源，深耕保墒，轮作倒茬，粮草间作，扩大植被覆盖率，修整梯田，加厚耕作层，达到增产增效目标。

二、建立和完善耕地质量监测网络

随着沁县工业化进程的有所加快，工业污染将日趋严重，在重点工业生产区域建立耕地质量监测网络已迫在眉睫。

1. 设立组织机构 耕地质量监测网络建设，涉及环保、土地、水利、经贸、农业等多个部门，需要县政府协调支持，成立依法行政管理机构。

2. 配置监测机构 由县政府牵头，各职能部门参与，组建沁县耕地质量监测领导组，在县环保局下设办公室，设定专职领导与工作人员，建立企业治污工程体系，制定工作细则和工作制度，强化监测手段，提高行政监测效能。

3. 加大宣传力度 采取多种途径和手段，加大《环保法》宣传力度，在重点污排企业及周围乡村印刷宣传广告，大力宣传环境保护政策及科普知识。

4. 监测网络建立 依据这次耕地质量调查评价结果，在重点区域定人、定时、定点取样监测检验，填写污染情况登记表，建立耕地质量监测档案。对污染区域的污染源，要查清原因，由县耕地质量监测机构依据检测结果，强制污染企业限期限时达标治理。对未能限期达标企业，一律实行关停整改，达标后方可生产。

5. 加强农业执法管理 由县农业、环保、质检等行政部门组成联合执法队伍，宣传农业法律知识，对化肥、农药实行市场统一监控、信息统一发布，将假冒农用物资一律依法查封销毁。

三、加强耕地质量管理

1. 加大耕地投入，提高土壤肥力 提高单位面积耕地养分投入水平，逐步改善土壤养分含量，改善土壤理化性状，提高土壤肥力，保障粮食产量恢复性增长。

2. 改进农业耕作技术，提高土壤生产性能 农民积极性的调动，是耕地质量提高的内在动力，促进农民平田整地，耙糖保墒，加强耕地机械化管理，缩减中低产田面积，逐步提高耕地地力等级水平。

3. 采用先进农业技术，增加农业比较效益　采取有机旱作农业技术，合理优化适栽技术，加强田间管理，节本增效，提高农业比较效益。

4. 改进治污技术　对不同污染企业采取烟尘、污水、污碴分类科学处理转化。对工业污染的河道及周围农田，采取有效地物理、化学降解技术，降解铅、镉及其他重金属污染物，并在河道两岸50米栽植花草、林木、净化河水、美化环境；对化肥、农药污染农田，要划区治理，积极利用农业科研成果，组成科技攻关组，引试降解剂，逐步消解污染物。

5. 推广农业综合防治技术　在增施有机肥降解大田农药、化肥及垃圾废弃物污染的同时，积极宣传推广微生物菌肥，以改善土壤的理化性状，改变土壤溶液酸碱度，改善土壤团粒结构，减轻土壤板结，提高土壤保水保肥及供水供肥性能。

四、扩大绿色无公害及有机农产品生产规模

在国际农产品质量标准市场一体化的形势下，扩大沁县绿色无公害及有机农产品生产规模已成为满足社会消费需求和农民增收的关键。

（一）理论依据

综合评价结果，沁县耕地无污染，土壤的各项指标及耕地环境状况良好，适合绿色无公害及有机农产品生产，具备发展绿色农业的基本条件。

（二）扩大生产规模

在沁县发展绿色无公害及有机农产品，扩大生产规模，应根据耕地地力调查与质量评价结果，充分发挥区域比较优势，合理布局，规模调整。一是粮食生产上，在沁县发展20万亩无公害优质玉米；二是稳步发展绿色"沁州黄"谷子种植10万亩；三是在蔬菜生产上，发展有机蔬菜3万～5万亩；四是发展核桃经济林10万亩。

（三）配套管理措施

1. 建立组织保障体系　设立沁县绿色有机农产品生产领导组，实施项目列入县政府工作计划。

2. 加强质量检测体系建设　成立县级绿色有机农产品质量检验技术领导组，县、乡两级设监测检验网点，配备设备及检验人员，制订工作流程，强化监测检验手段，提高检测检验质量，及时指导生产。

3. 制定技术规程　组织技术人员制订沁县绿色有机农产品生产技术操作规程，重点抓好测土配方施肥，合理施用农药；细化技术环节，实现标准化生产。

4. 打造绿色品牌，强化品牌意识　做好绿色及有机农产品的认证及原产地地理标识认证工作，积极宣传品牌，拓宽品牌的宣传渠道。

五、加强农业综合技术培训

自20世纪80年代起，沁县就建立起县、乡、村三级联动的农业技术推广服务体系。由县农业技术推广中心牵头，负责农业新产品、新技术在沁县的引进、试验、示范、推广

工作。

现阶段，沁县农业综合技术培训工作在长治市一直保持领先，旱作农业、测土配方施肥、节水灌溉、生态沼气、有机蔬菜生产技术推广已取得明显成效。利用这次耕地地力调查与质量评价结果，还应抓好以下几方面技术培训：①农业结构调整与耕地资源有效利用的目的及意义；②中低产田改造和土壤改良相关技术；③耕地地力环境质量建设与配套技术推广；④绿色有机农产品的生产技术操作规程；⑤农药、化肥安全施用技术培训；⑥农业法律、法规、环境保护等相关法律的宣传培训。

通过技术培训，使沁县农民掌握必要的农业科学知识与生产操作技术，推动耕地地力建设，提高农民对生态环境、耕地质量环境的保护意识，使农民发挥主观能动性，不断提高沁县耕地地力水平，以满足日益增长的人口和物资生活需求，为全面建成小康社会打好农业发展的基础平台。

第七节　耕地资源管理信息系统的应用

耕地资源信息系统是以一个县行政区域内耕地资源为管理对象，应用 GIS 技术，对辖区内的地形、地貌、土壤、土地利用、农田水利、土壤污染、农业生产基本情况、基本农田保护区等资料进行统一管理，构建耕地资源基础信息系统，并将其数据平台与各类管理模型结合，对辖区内的耕地资源进行系统的动态管理，为农业决策、农民和农业技术人员提供耕地质量动态变化规律、土壤适宜性、施肥咨询、作物营养诊断等多方位的信息服务。

本系统的行政单元为村，农业单元为基本农田保护地块，土壤单元为土种，系统基本管理单元为土壤、基本农田保护地块、土地利用现状叠加所形成的评价单元。

一、领导决策依据

这次耕地地力调查与质量评价直接涉及耕地的自然要素、环境要素、社会要素及经济要素 4 个方面，为耕地资源信息系统的建立与应用提供了依据。通过沁县生产潜力评价、适宜性评价、土壤养分评价、科学施肥、经济性评价、地力评价及产量预测，及时指导农业生产的发展，为农业技术推广应用作好信息发布，为用户需求进行分析及信息反馈打好基础。主要依据：一是沁县耕地地力水平和生产潜力的评估为农业远期规划提供了基础资料；二是耕地质量综合评价，为决策层提供了耕地保护和污染修复的基本思路，为建立和完善耕地质量检测网络提供了方向；三是耕地土壤适宜性及主要限制因素分析为沁县农业调整提供了科学依据。

二、动态资料更新

这次沁县耕地地力调查与质量评价中，耕地土壤生产性能主要包括地形部位、成土母质、地面坡度、耕层厚度、耕层质地等较稳定的物理性状，有机质 pH、有效磷含量、速效钾含量等易变化的化学性状和农田基础建设 3 个方面。耕地地力评价标准体系与 1984 年土壤普查技术标准体系相比有所变化，耕地要素中基础数据也发生了很大变化。

（一）耕地地力动态资源内容更新

1. 评价技术体系有较大变化　这次调查与评价主要运用了"3S"评价技术。在技术方法上，采用文字评述法、专家经验法、模糊综合评价法、层次分析法、指数和法；在技术流程上，应用了叠置法确定评价单元，空间数据与属性数据相连接，采用德尔菲法和模糊综合评价法，确定评价指标，应用层次分析法确定各评价因子的组合权重，用数据标准化计算各评价因子的隶属函数并将数值进行标准化，应用了累加法计算每个评价单元的耕地力综合评价指数，分析综合地力指数，划分地力等级，将评价的地方等级归入农业部地力等级体系，采取 GIS、GPS 系统编绘各种养分图和地力等级图等图件。

2. 评价内容有较大变化　除原有地形部位、土体构型等基础耕地地力要素相对稳定以外，土壤物理性状、易变化的化学性状、农田基础建设等要素变化较大，尤其是有机质、pH、有效磷、速效钾的指数变化较为明显。

3. 增加了耕地质量综合评价体系　土样化验检测结果为沁县绿色及有机农产品基地的建立和发展提供了理论依据。图件资料的更新变化，为今后沁县农业宏观调控提供了技术准备，空间数据库的建立为沁县农业综合发展提供了数据支持，加速了沁县农业信息化的快速发展。

（二）动态资料更新措施

结合这次耕地地力调查与质量评价，沁县及时成立技术指导组，确定技术人员，专职负责土样采集、化验分析、数据资料整理编辑，保证了动态资料更新及时、准确，提高了工作效率和质量。

三、耕地资源合理配置

（一）目的意义

多年来，沁县耕地资源盲目利用，低效开发，重复建设情况十分严重，随着农业经济发展方向的不断延伸，农业结构调整缺乏借鉴技术和理论依据。这次耕地地力调查与质量评价成果对指导沁县耕地资源合理配置，逐步优化耕地利用质量水平，对提高土地生产性能和产量水平都具有积极的现实意义。

沁县耕地资源合理配置的思路是：以确保粮食安全为前提，以耕地地力质量评价成果为依据，以统筹协调发展为目标，用养地相结合，因地制宜，内部挖潜，发挥耕地的最大生产效益。

（二）主要措施

1. 加强组织管理，建立健全工作机制　县级要建立耕地资源合理配置协调管理工作体系，由农业、土地、环保、水利、林业等职能部门各负其责，密切配合，协同作战。农技推广部门要抓好技术方案制订和技术宣传培训工作。

2. 加强农田环境质量检测，抓好布局规划　将企业列入耕地质量检测范围。企业要加大资金投入和技术改造，降低"三废"对周围耕地污染，因地制宜大力发展绿色、无公害和有机农产品生产基地，实现规模生产。

3. 加强耕地保养利用，提高耕地地力 依照耕地地力等级划分标准，划定沁县耕地地力分布界限，推广平衡施肥技术，加强农田水利基础设施建设，大力实施平田整地，淤地打坝，中低产田改良，植树造林，扩大植被覆盖面，防止水土流失，提高梯（园）田化水平等农艺措施。采用机械耕作，加深耕层，熟化土壤，改善土壤理化性状，提高土壤保水保肥能力。划区制订土壤改良技术方案，将沁县耕地地力水平分级划分到村、到户，建立耕地改良档案，定期定人检查验收。

4. 重视粮食生产安全，加强耕地利用和保护管理 根据沁县农业发展远景规划目标，要十分重视耕地利用保护与粮食生产之间的关系。要解决好建设与吃饭的关系，合理配置耕地资源，实现耕地总面积动态平衡，解决人口增长与耕地矛盾，实现农业经济和社会可持续发展。

总之，耕地资源配置，主要是各土地利用类型在空间上的整体布局；另一层含义是指同一土地利用类型在某一地域中是分散配置还是集中配置。耕地资源在空间分布上的结构折射出其地域特征，合理的空间分布结构可在一定程度上反映自然生态和社会经济系统间的协调程度。耕地的配置方式，对耕地产出效益的影响截然不同，经过合理配置，农村耕地相对规模集中，既有利于农业管理，又有利于减少投入，耕地的利用率也将有较大提高。因此，今后应做好以下几方面工作。

一是严格执行《基本农田保护条例》，增加土地投入，大力改造中低产田，使农田数量与质量稳步提高；二是园地面积要适当调整，淘汰劣质果园，发展优质果品生产基地；三是林草地面积要适量增加，加大四荒拍卖开发力度，植树种草，力争林草覆盖面积达到50％。要搞好河道、滩涂地的有效开发利用。加大小流域综合治理，在搞好耕地整治规划的同时，治山治坡、改土造田、基本农田建设与农业综合开发结合进行；要采取措施，严控企业占地，严控农村宅基地占用一级、二级耕田，加大废旧砖窑和农村废弃宅基地的返田改造，盘活存量耕地，"开源"与"节流"并举，加快耕地使用制度改革。实行耕地使用证发放制度，促进耕地资源的有效利用。

四、土、肥、水、热资源管理

（一）基本状况

沁县耕地自然资源包括土、肥、水、热等资源。它是在一定的自然和农业经济条件下逐渐形成的，其利用及变化均受到自然、社会、经济、技术条件的影响和制约。自然条件是耕地利用的基本要素。热量与降水是气候条件最中活跃的因素，对耕地资源影响较为深刻，不仅影响耕地资源类型形成，更重要的是直接影响耕地的开发程度、利用方式、作物种植、耕作制度等方面。土壤肥力则是耕地地力与质量水平基础的反映。

1. 光热资源 沁县属暖温带半干旱半湿润大陆性季风气候，四季分明，冬季寒冷干燥，夏季炎热多雨。年均气温为 9.1℃，7 月最热，平均气温达 22.3℃，极端最高气温达35.7℃。1 月最冷，平均气温−6.9℃，极端最低气温−27℃。1～7 月气温逐渐上升，7～12 月气温逐渐下降。年平均稳定通过≥10℃的活动积温为 3 208℃，平均无霜期为

168 天。

2. 降水与水文资源　沁县年均降水量为 557.5 毫米，四季分布不均，春季（3～5）月的降水量占全年降水量的 15％；夏季（6～8 月）的降水量占全年降水量的 62％；秋季（9～11 月）的降水量占全年降水量的 20％；冬季（12～翌年 2 月）的降水量占全年降水量的 3％。降水时间集中为 6～9 月，其中 7～8 月降水量最多，占全年降水量的 49％，12 月至翌年 2 月降水量最为稀少。沁县是黄土高原上少有的富水区，是浊漳河西源，海河最长的源头，沁县地表水域面积 2.4 万亩，水资源总量为 1.766 亿米^3，地表水年径流量约 1.316 亿米^3，地下水储量约 4 500 万吨，有较大河流 8 条，中小型水库 11 座，泉水 100 余处，人均拥有水资源量是长治市人均的 2 倍，山西省人均的 3 倍。

3. 土壤肥力水平　沁县耕地地力平均水平较低，依据《山西省中低产田类型划分与改良技术规程》，分析评价单元耕地土壤主要障碍因素，将沁县耕地地力等级的 2～6 级归并为 4 个中低产田类型，总面积 530 092.07 亩，占总耕地面积的 83.36％，主要分布于丘陵、低山中下部及部分一级、二级阶地。沁县耕地主要土壤类型为：褐土、潮土两大类，其中褐土分布面积较广，面积为 433 140.50 亩，约占 72.2％；潮土面积为 10 719.87，约占 27.8％。沁县土壤质地较好，主要分为沙壤土、轻壤土、中壤土 3 种壤土类型。其中沙壤土 14 554.10 亩，轻壤土 441 882.66 亩，中壤土 9 504.47 亩，壤质土占总耕地的 77.68％（表 6 - 1）。

表 6 - 1　沁县壤质土养分含量统计表

项目	平均值	项目	平均值
pH	8.17	有效硫（毫克/千克）	25.00
缓效钾（毫克/千克）	990.33	有效锰（毫克/千克）	13.72
速效钾（毫克/千克）	166.59	有效硼（毫克/千克）	0.26
全氮（克/千克）	0.83	有效铁（毫克/千克）	7.63
有机质（克/千克）	13.71	有效铜（毫克/千克）	0.98
有效磷（毫克/千克）	8.12	有效锌（毫克/千克）	0.72

（二）管理措施

在沁县建立土壤、肥力、水热资源数据库，依照不同区域土、肥、水、热状况，分类划定区域，设立监控点位，定人、定期填写检测结果，编制档案资料，形成有连续性的综合数据资料，指导沁县耕地地力恢复性建设。

五、科学施肥体系与灌溉制度的建立

（一）科学施肥体系的建立

1. 科学施肥的基本原则　以节本增效为目标，立足抗旱栽培，着力提高肥料利用率，采取"稳氮、增磷、补钾、配微"的施肥原则，坚持有机肥与无机肥相结合，合理调整养分比例，按耕地地力与作物类型及需肥规律，科学施用。

2. 施肥方法　①因土施肥。不同土壤类型保肥、供肥性能不同。对于丘陵区旱地，土壤的土体构型为通体壤或"蒙金型"时，一般将肥料作基肥一次施用效果最好；对一、二级阶地的沙土、夹沙土等构型土壤，肥料特别是钾肥应少量多次施用。②因品种施肥。肥料品种不同，施肥方法也不同。对碳酸氢铵等易挥发性化肥，必须集中深施覆土，一般为 20 厘米；硝态氮肥易流失，宜作追肥，不宜大水漫灌；尿素为高浓度中性肥料，作底肥和叶面喷肥效果最好，在旱地做基肥应集中条施。磷肥易被土壤固定，常作基肥或种肥，要集中沟施，且忌撒施在土壤表面。③因苗施肥。对基肥充足，生长旺盛的田块，要控制氮肥用量，少追或推迟追肥时期；对基肥不足，生长缓慢田块，要施足基肥，多追或早追氮肥；对后期生长旺盛的田块，要控氮、补磷、施钾。

3. 施肥时期 因作物选定施肥时期。如玉米追肥宜选在拔节期和大喇叭口期施肥，同时可采用叶面喷施锌肥；小麦追肥宜选在拔节期追肥；叶面喷肥选在孕穗期和扬花期。

在作物喷肥时间上，要看天气施用，要选无风、晴朗天气，9：00 以前或 16：00 以后喷施。

4. 选择适宜的肥料品种和合理的施用量 在品种选择上，应增施有机肥、高温堆沤肥、生物菌肥；严格控制硝态氮肥施用，忌在忌氯作物上施用氯化钾，提倡施用硫酸钾肥，补施铁肥、锌肥、硼肥等微量元素化肥。在化肥用量上，要坚持无害化施用原则。

（二）灌溉制度的建立

1. 旱地集雨灌溉模式 主要采用有机旱作技术模式，深翻耕作，加深耕层，平田整地，提高园（梯）田化水平，地膜覆盖，垄际集雨纳墒，秸秆覆盖蓄水保墒，高灌引水，节水管灌等配套技术措施，提高旱地农田水资源利用率。

2. 扩大井水灌溉面积 水源条件较好的旱地，打井造渠，利用分畦浇灌或管道渗灌、喷灌，节约用水，保障作物生育期一次透水。平川井灌区要修整管道，按作物需水高峰期浇灌，全生育期保证 2～3 次水，满足作物生长需求。切忌大水漫灌。

（三）体制建设

在沁县建立科学施肥与灌溉制度，农业、技术部门要严格细化相关施肥技术方案，积极宣传和指导；水利部门要抓好淤地打坝、井灌配套等基本农田水利设施建设，提高灌溉能力；林业部门要加大荒坡、荒山植树植草、绿化环境，改善气候条件，提高年际降水量；农业环保部门要加强基本农田及水资源污染的综合治理，改善耕地环境质量和灌溉水质量。

六、信息发布与咨询

耕地地力与质量信息发布与咨询，直接关系到耕地地力水平的提高，关系到农业结构调整与农民增收目标的实现。

（一）体系建立

以县农业技术部门为依托，在省、市农业技术部门的支持下，建立耕地地力与质量信息发布咨询服务体系，建立相关数据资料库，将沁县土壤、土地利用、农田水利、土壤污染、基本农业保护区等相关信息融入电脑网络之中，充分利用县、乡、村三级农业信息服务网络，对辖区内的耕地资源进行系统的动态管理，为农业生产和结构调整做好耕地质量动态变化、土壤适宜性、施肥咨询、作物营养诊断等多方位的信息服务。在乡村建立专门试验示范生产区，专业技术人员要做好管理指导工作，为农户提供技术及市场供求信息，定期记录监测数据，实现规范化管理。

（二）信息发布与咨询服务

1. 农业信息发布与咨询 重点抓好蔬菜、小麦、水果、中药材等适栽品种供求信息、适栽管理技术、无公害农产品化肥和农药科学施用技术、农田环境质量技术标准的入户宣传工作、编制通俗易懂的文字资料、图片等发放到每家每户。

2. 开辟空中课堂抓宣传 充分利用覆盖沁县的电视传媒信号，定期做好专题技术讲座，并设立信息咨询服务电话，及时解答和解决农民提出的各种问题。

3. 组建农业耕地环境质量服务组织 在沁县组织各级农技人员及科技示范户，统一进行耕地地力与质量建设技术培训，组成农业耕地地力与质量管理服务队，进一步拓宽信息渠道，为沁县农业发展大局提供更多的信息支撑。

4. 建立完善的执法管理机构 成立由县土地、环保、农业等行政部门组成的综合行政执法决策机构，加强对沁县农业环境的执法保护。开展农资市场打假，依法保护土地，监控企业污染，净化农业发展环境。同时积极宣传相关法律、法规。

第八节 沁县耕地质量状况与"沁州黄"谷子标准化生产

一、"沁州黄"谷子适宜性分析

沁县种植谷子历史悠久，"沁州黄"小米是沁县次村乡檀山村小米的简称，是中国四大名米之一，从20世纪80年代开始，有关起专家先后对"沁州黄"谷子进行了多项试验和研究，采用不同种类、不同数量的农家肥及化肥和不同谷子品种进行对比试验，通过对土壤、肥料、小气候等因素进行综合分析研究，最后结论为："沁州黄"谷子适于在沁县丘陵中下部红黄土质褐土性土土壤（耕红立黄土）生长，宜施羊粪。

从本次耕地地力评价与耕地质量分析结果来看，沁县红黄土质褐土性土（耕红立黄土）土壤中的pH平均值8.13，有机质平均含量13.68克/千克；全氮平均含量0.85克/千克；有效磷平均含量8.32毫克/千克，速效钾平均含量152.21毫克/千克。"沁州黄"谷子主产区次村乡、郭村镇、漳源镇、册村镇、定昌镇的红黄土质褐土性土（耕红立黄土）土壤的主要养分含量如下。

1. 次村乡 pH平均值为8.08，有机质平均含量为14.67克/千克，全氮平均含量0.98克/千克，有效磷平均含量6.99毫克/千克，速效钾平均含量222.09毫克/千克。

2. 郭村镇 pH平均值为8.09，有机质平均含量为13.55克/千克，全氮平均含量0.85克/千克，有效磷平均含量7.03毫克/千克，速效钾平均含量133.27毫克/千克。

3. 漳源镇 pH平均值为8.18，有机质平均含量为13.08克/千克，全氮平均含量0.82克/千克，有效磷平均含量9.77毫克/千克，速效钾平均含量148.72毫克/千克。

4. 册村镇 pH平均值为8.09，有机质平均含量为12.89克/千克，全氮平均含量0.90克/千克，有效磷平均含量6.92毫克/千克，速效钾平均含量150.09毫克/千克。

5. 定昌镇 pH 平均值为 8.15，有机质平均含量为 13.78 克/千克，全氮平均含量 0.76 克/千克，有效磷平均含量 8.03 毫克/千克，速效钾平均含量 162.68 毫克/千克（表 6 - 2）。

表 6 - 2 "沁州黄"主产区红黄土质褐土性土养分含量统计表

单位：克/千克、毫克/千克

测试项目 / 乡（镇）	pH	有机质	全氮	有效磷	缓效钾	速效钾	有效铁	有效锰	有效铜	有效锌	水溶性硼	有效硫
次村乡	8.08	14.68	0.98	6.99	976.22	222.09	6.88	13.40	0.93	0.47	0.28	17.94
漳源镇	8.18	13.08	0.82	9.77	870.62	148.72	8.74	13.54	1.00	0.56	0.28	17.51
郭村镇	8.09	13.55	0.85	7.03	819.08	133.27	8.16	14.57	0.93	0.68	0.26	18.54
定昌镇	8.15	13.78	0.76	8.04	944.51	162.68	7.07	14.14	0.89	0.66	0.18	19.90
册村镇	8.09	12.89	0.90	6.92	931.61	150.09	9.02	15.86	0.73	0.25	0.26	18.70

二、绿色"沁州黄"谷子标准化生产技术

在 A 级绿色"沁州黄"谷子标准化生产过程中，产地环境应符合《绿色食品　产地环境技术条件》（NY/T 391—2000）的规定，农药使用应符合《绿色食品　农药使用准则》（NY/T 393—2000）的规定，肥料使用应符合《绿色食品　肥料使用准则》（NY/T 394—2000）的规定。

1. 选择地块 绿色谷子生产基地必须远离工矿区和交通干线，有效避开工业和城市污染源的影响。应选择土层深厚、有机质丰富、土壤耕性好、通风透光的岭坡地（或台田地）进行种植；同时谷子不宜重茬，最好能同豆类、马铃薯、小麦、玉米等作物实行三年轮作。

2. 整地施肥

（1）秋耕壮垡：前茬作物收获后，立即清除根茬，秋深耕 25 厘米以上，结合秋深耕亩施腐熟的优质农家肥 1 500～2 000 千克、纯氮 4～5 千克、五氧化二磷 5～6 千克、纯钾 2.5～3 千克，耕后耙耢保墒，达到动手早、根茬净、底肥足、耕翻透、地平整的要求。

（2）三墒整地：次年春季在早冻午消时进行顶凌耙耱保墒，土壤解冻后进行浅犁耙耢塌墒，播种前如果严重干旱则需镇压提墒，经过"三墒整地"使谷地达到土壤细碎无坷垃、上虚下实（陷鞋底不没鞋帮）地平整的标准。

3. 备种播种

（1）种子准备：购买种子时应选择通过提纯复壮的优良品种；自留种子的应 3～4 年进行 1 次异地换种，即在相距 20 千米以上的两个地方进行调换种植。

（2）种子处理：播前 3 天，将种子放在浓度为 10%～15% 的盐水中，捞出上面漂浮的秕谷、草籽和杂质，然后再捞出下沉种子用清水洗 2～3 遍，晾干后用农药均匀拌种。注意：防治白发病用 35% 瑞毒霉按种子量的 0.3% 拌种，防治黑穗病用 40% 拌种双按种子量的 0.2% 拌种。

（3）播种期：为避免"胎里旱"和"卡脖旱"，使谷子需水规律与当地自然降水规律相一致，一般应在立夏至小满播种为宜。

（4）播种：采用机播或耧播，宽窄行种植，宽行 40～45 厘米，窄行 23～17 厘米，播深 3～4 厘米，亩播量 0.5～0.75 千克。播种后立即随耧镇压（石砘压或镇压器镇压），若土壤过湿应晾墒后镇压。

4. 田间管理

（1）苗期管理：①"黄芽砘"。播种后 4～5 天，当种子在土壤中发芽后还未出苗时，午后顺垄镇压一次，可破除板结、预防"卷黄"或"烧尖"。②压青砘。当谷子长到 1 叶 1 心时，在 11：00—16：00 再顺垄镇压 1 次，可防治"灌耳"，促进扎根。③补苗移栽。出苗后发现断垄，最好在 5 叶期移栽补苗。④早间苗。"谷间寸，顶上粪"，就是说谷子间苗要抓小、抓早，最好在 4～5 叶期间完；间苗时要留壮苗、大苗，去掉弱苗、病苗。一般单株等距离亩留苗 30 000 株左右。⑤早中耕。第一次中耕应结合间苗进行，中耕时要浅锄、细锄、抿碎土、围正苗、去除杂草。

（2）拔节抽穗期管理：①清垄追肥。谷子拔节后要彻底拔除杂草和弱、病、虫苗，使谷子苗脚清爽，通风透光；10 叶期顺垄亩追施尿素 8～10 千克，然后中耕培土。②中耕培土。施用追肥后应立即进行深中耕培土，锄深 7～8 厘米，以防倒伏、增蓄水。③防"两旱"。严重干旱时，在孕穗期用抗旱剂 400～600 倍液亩施 60 千克，以缓解"胎里旱"或"卡脖旱"。

（3）后期管理：为了减轻"夹秋旱"，防治早衰，减少秕粒，增加粒重，在扬花和灌浆期应进行叶面追肥，一般用磷酸二氢钾 500 倍液每亩喷施 100～150 千克。通过后期管理使谷子在开花时呈现"叶色黑绿，一绿到底"的高产长势，在成熟时达到"绿叶黄谷穗，见叶不见穗"的丰产长相。

（4）防治病虫：A 级绿色谷子的病虫害防治，应以选用抗病品种、轮作倒茬、拔除病株等农业防治措施，与灯光、枝把、糖醋液诱杀等物理防治措施和释放天敌、选用生物农药等生物防治措施为主。当病虫达到一定防治指标时，也可用化学农药进行防治。除了用前述药剂拌种方法防治白发病和黑穗病外，也可以用 50% 辛硫磷乳油按种子量的 0.2% 拌种，闷种 4 小时晾干播种，防治蛴螬、蝼蛄、金针虫等地下害虫；还可以用 2.5% 溴氰菊酯 4 000 倍液或 20% 氰戊菊酯 3 000 倍液喷雾防治粟灰螟和黏虫。但不论防治哪种病虫害，一种化学农药只能在谷子的一个生长周期内使用 1 次，而且要严格控制用药量和安全间隔期。

5. 适时收获　当谷穗变黄、子粒变硬、谷码变干时，不论茎叶是否青绿，都应当适时连秆割倒，在田间"歇腰"3～5 天，然后再切穗脱粒。

收获时还要注意选种留种，将种穗分别脱粒。

6. 清选贮藏　谷子脱粒后要及时进行筛选，然后将筛簸干净、含水量不大于 13% 的谷子，在避光、低温、干燥、防虫害和鼠害的容器内贮存，严禁与有毒、有害、有异味的物品混存。

图书在版编目（CIP）数据

沁县耕地地力评价与利用 / 安广茂主编 . —北京：
中国农业出版社，2015.8
ISBN 978-7-109-20598-7

Ⅰ.①沁… Ⅱ.①安… Ⅲ.①耕作土壤－土壤肥力－
土壤调查－沁县②耕作土壤－土壤评价－沁县 Ⅳ.
①S159.225.4②S158

中国版本图书馆 CIP 数据核字（2015）第 137828 号

中国农业出版社出版
（北京市朝阳区麦子店街 18 号楼）
（邮政编码 100125）
责任编辑 杨桂华 廖 宁

中国农业出版社印刷厂印刷 新华书店北京发行所发行
2015 年 8 月第 1 版 2015 年 8 月北京第 1 次印刷

开本：787mm×1092mm 1/16 印张：8.25 插页：1
字数：200 千字
定价：80.00 元
（凡本版图书出现印刷、装订错误，请向出版社发行部调换）

沁县耕地地力等级图

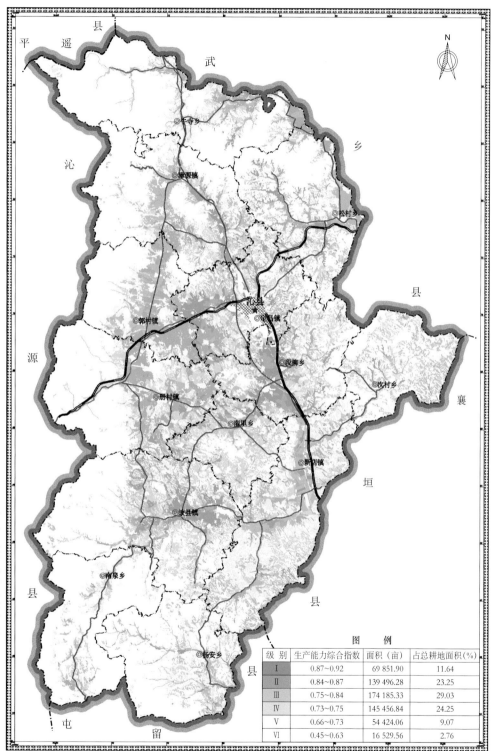

级 别	生产能力综合指数	面积（亩）	占总耕地面积(%)
Ⅰ	0.87～0.92	69 851.90	11.64
Ⅱ	0.84～0.87	139 496.28	23.25
Ⅲ	0.75～0.84	174 185.33	29.03
Ⅳ	0.73～0.75	145 456.84	24.25
Ⅴ	0.66～0.73	54 424.06	9.07
Ⅵ	0.45～0.63	16 529.56	2.76

图　例

山西省土壤肥料工作站监制
山西农业大学资源环境学院承制 二〇一二年十二月

1980 年西安坐标系
1956 年黄海高程系
高斯—克吕格投影

比例尺　1：250 000

沁县中低产田分布图

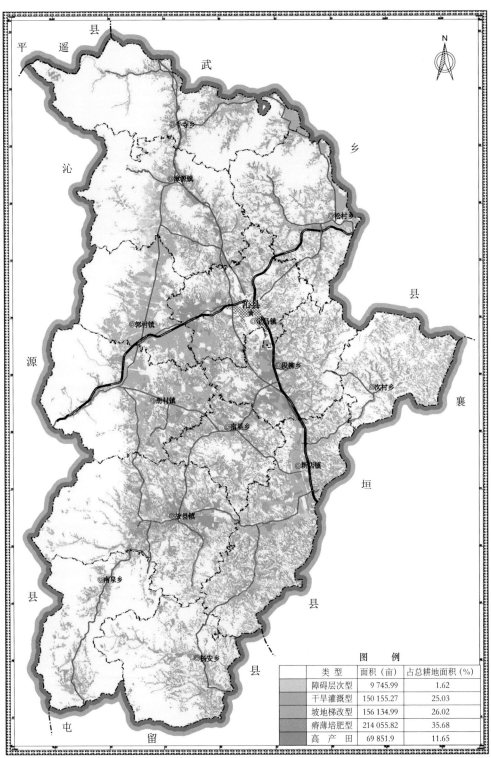

图 例

类型	面积（亩）	占总耕地面积（%）
障碍层次型	9 745.99	1.62
干旱灌溉型	150 155.27	25.03
坡地梯改型	156 134.99	26.02
瘠薄培肥型	214 055.82	35.68
高 产 田	69 851.9	11.65

山西省土壤肥料工作站监制
山西农业大学资源环境学院承制 二〇一二年十二月

1980 年西安坐标系
1956 年黄海高程系
高斯—克吕格投影

比例尺 1：250 000